FÜNF

Das Zahlenbuch

von
Walter Affolter
Heinz Amstad
Monika Doebeli
Gregor Wieland

programm mathe 2000
von
Prof. Dr. E. Ch. Wittmann
und Prof. Dr. G. Müller

Mathematik im 5. Schuljahr

Klett und Balmer Verlag Zug

Mathematik 5. Klass

Liebe Schülerin, lieber Schüler

Jetzt bist du bereits in der 5. Klasse! Im Mathematikunterricht hast du schon vieles gelernt. Du kennst die Zahlen bis zu 1 Million – oder sogar darüber hinaus. Du bist allen wichtigen Grössen wie Längenmassen, Gewichten, Hohlmassen und Zeitmassen begegnet. Vielleicht hast du während der Sommerferien aber auch das eine oder andere vergessen. Die ersten 13 Seiten des Zahlenbuchs helfen dir, dich zu erinnern und einiges zu wiederholen.

Packen wirs an

Was wirst du im 5. Schuljahr lernen? In der Arithmetik lernst du Bruchzahlen kennen. In der Geometrie übst du mit Zirkel und Geodreieck umzugehen. Im Sachrechnen erwarten dich Themen wie Tiere, Sport, Bäume, Reiten, Bahn und Schiff; du wirst dich auch mit der Kriminalpolizei und mit Würfelspielen befassen.

Miteinander lernen

Mit anderen zusammen lernen macht oft mehr Spass als allein hinter den Aufgaben zu sitzen. Deine Kameradinnen und Kameraden können dir helfen, wenn du etwas nicht verstehst. Oder du kannst ihnen etwas erklären. Im Zahlenbuch 5 sind einige Aufgaben gemeinsam zu lösen. Manchmal musst du auch Aufgaben für andere erfinden.

Da komm ich nicht draus

Manchmal wirst du etwas nicht auf Anhieb verstehen. So geht es anderen auch. Gib nicht auf. Geh nicht einfach darüber hinweg, als ob nichts wäre. Lies die Aufgabe nochmals aufmerksam durch. Mach dir vielleicht eine Zeichnung dazu. Oder besprich sie mit jemandem aus der Klasse. Oder frag deine Lehrerin oder deinen Lehrer.

Hilfe: Ein Fehler!

Lernen heisst auch ausprobieren, Fragen stellen und Fehler machen. Ja, beim Mathematiklernen passieren Fehler. Das gehört dazu, wenn man etwas Neues lernt. Aus Fehlern kann man lernen. Aber wie? Das Wichtigste ist, dass du den Fehler nicht ausradierst, sondern stehen lässt. Streich den Fehler durch und schreib daneben, was du falsch gemacht hast, bevor du den Fehler berichtigst. So kannst du aus Fehlern lernen.

Ein Igel bedeutet:
Aufgabe zum Schnüffeln.

Lernberichte

Wie lernt man Mathematik? Vielleicht hast du dir die Frage auch schon gestellt. Besonders, wenn du eine Aufgabe anders als andere gelöst hast. Das Zahlenbuch schenkt dem Lernen besondere Beachtung. Im Übungsheft findest du einige Seiten, die dir helfen, über dein Lernen nachzudenken.

Diese Turnschuhe bezeichnen die Übungen «Mach mit – bliib fit».

Mach mit – bliib fit

In der Musik oder im Sport muss man immer wieder üben, bis man sicher ist. Das ist beim Rechnen genau so. Grundlegende Aufgaben muss man immer wieder trainieren. Geh deshalb regelmässig die Übungen «Mach mit – bliib fit» durch. Du kannst allein oder mit anderen zusammen üben. Einige Übungen findest du im Zahlenbuch, weitere findest du im Übungsheft am Anfang und am Schluss.

Tilla und Floh

Die beiden Comicfiguren begleiten dich durchs Zahlenbuch. Sie werden dich hie und da zum Nachdenken oder zum Schmunzeln bringen.

Vielleicht ist Mathematik dein Lieblingsfach, vielleicht auch nicht. Wir möchten, dass du mit dem Zahlenbuch möglichst viel lernst. Schreib uns, wenn dir etwas besonders gut oder gar nicht gefällt.

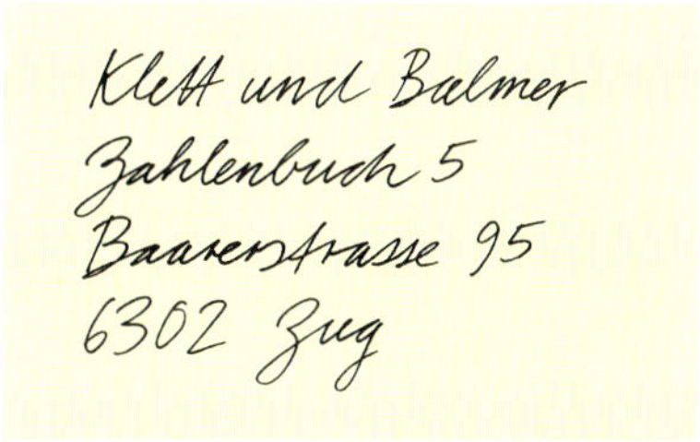

Wir hoffen, dass du gern mit dem Zahlenbuch arbeitest und dass du viele Entdeckungen im Reich der Zahlen und Figuren machen kannst. Wir wünschen dir viel Spass.

Das Zahlenbuchteam

1 Natürliche Zahlen

1	2	3	4	5	6	7	8	9	10
eins	zwei	drei	vier	fünf	sechs	sieben	acht	neun	zehn
un	deux	trois	quatre	cinq	six	sept	huit	neuf	dix
uno	due	tre	quattro	cinque	sei	sette	otto	nove	dieci
in	dus	trais	quatter	tschintg	sis	set	otg	nov	diesch
one	two	three	four	five	six	seven	eight	nine	ten

Sprechweisen für 8356
achttausend - dreihundert - sechs - und - fünfzig
huit mille - trois cent - cinquante - six
ottomila - trecento - cinquanta - sei
otgmilli - traiatschient - tschuncanta - sis
eight thousand - three hundred - and - fifty - six

1
a. Welche Zahlen sind dargestellt? Schreibe sie in Ziffern und sprich die Zahlen.

M	HT	ZT	T	H	Z	E
	●●●●●●	●●●●●	●●●●	●●●	●●	●

M	HT	ZT	T	H	Z	E
●●●	●●●●	●●●●●●	●●●●●●●●●	●●	●●●●●●●●	●

M	HT	ZT	T	H	Z	E
●	●●	●●●	●●●●	●●●●●	●●●●●●	●●●●●●●

M	HT	ZT	T	H	Z	E
●●●●●			●●●●●●●		●●●●●●●●●	

b. Welche Zahlen bekommst du, wenn du ein Plättchen wegnimmst?
Schreibe sie in Ziffern und lies die Zahlen laut vor.
c. Ordne die Zahlen der Grösse nach und lies sie laut vor.
134 860 314 068 413 086 341 608 143 806 431 680

2 Stufenzahlen
123 456 234 567 345 678 456 789 567 890
678 901 789 012 890 123 901 234 12 345
a. Nenne zu jeder Zahl die nächstliegende Zehnerzahl.
b. Nenne zu jeder Zahl die nächstliegende Hunderterzahl.
c. Nenne zu jeder Zahl die nächstliegende Tausenderzahl.
d. Nenne zu jeder Zahl die nächstliegende Hunderttausenderzahl.

3

100 000 – 4	200 000 – 8	400 000 – 80 000	400 – 8
100 000 – 40	200 000 – 80	400 000 – 8 000	4 000 – 8
100 000 – 400	200 000 – 800	400 000 – 800	40 000 – 8
100 000 – 4 000	200 000 – 8 000	400 000 – 80	400 000 – 8
100 000 – 40 000	200 000 – 80 000	400 000 – 8	4 000 000 – 8

Beispiel:
Was mir zur Zahl 10 in den Sinn kommt:
Ich habe 10 Finger und 10 Zehen.
1 cm hat 10 mm.
10 Zehner sind 1 Hunderter
usw.

4 Schreibe möglichst viele Beziehungen auf.

a. Was kommt dir in den Sinn, wenn du an die Zahl 100 denkst?

b. Was kommt dir bei der Zahl 1 000 in den Sinn?

c. Was kommt dir bei der Zahl 1 000 000 in den Sinn?

5 Nimm ein Millimeterpapier. Das kleinste Quadrat stellt die Zahl 1 dar.

a. Färbe 10 Quadrate an.

b. Färbe 150 Quadrate an.

c. Färbe 3 875 Quadrate an.

d. Können 74 500 Quadrate auf einer einzigen Seite angefärbt werden?

e. Wie viele Seiten brauchst du etwa, um 440 000 Quadrate anzufärben?

f. Wie viele Seiten brauchst du etwa, um 7 000 000 Quadrate anzufärben?

6

2 · 3 =	4 · 60 =	56 000 : 8 =	512 : 2 =
20 · 3 =	400 · 6 000 =	560 000 : 800 =	5 120 : 4 =
20 · 300 =	40 000 · 6 =	5 600 : 80 =	51 200 : 80 =
2 000 · 300 =	40 · 600 =	5 600 000 : 8 000 =	512 000 : 16 =
20 · 30 000 =	4 000 · 6 000 =	5 600 000 : 8 =	512 000 : 320 =

7 Hüpf im Päckchen!

a.	b.	c.
2 300 + 5 200 = 7 500	53 400 − 12 000 =	76 435 + 5 000 =
2 700 + 500 =	68 400 + 31 000 =	81 435 − 500 =
1 500 + 8 500 =	77 400 − 9 000 =	80 940 − 50 =
3 200 − 1 700 =	99 400 + 6 000 =	80 890 + 50 000 =
7 500 − 4 800 =	41 400 + 36 000 =	80 935 + 5 =
Ziel 10 000	Ziel 105 400	Ziel 130 890

d. Erstelle eigene Hüpf-im-Päckchen-Aufgaben. Gib sie andern zu lösen.

8

a.

Zahl	125	2 400	32 000	470 000	40 500
das Doppelte					

Wähle eigene Zahlen.

b.

Zahl	240	3 600	68 000	890 000	70 500
die Hälfte					

Wähle eigene Zahlen.

2 · 2	30 · 30	4 · 40	500 · 50	6 · 600	70 · 700
80 · 80	900 · 9	10 · 10	20 · 2 000	300 · 300	400 · 40
5 · 5 000	600 · 60	70 · 70	8 000 · 80	9 · 90 000	1 000 · 1 000
200 · 200	3 000 · 3	400 · 400	50 · 5 000	60 · 6 000	7 · 7
80 · 800	900 · 900	100 · 10 000	20 · 20	500 · 500	8 · 80 000

Ornamente

Der Islam ist eine Religion. Seine Angehörigen heissen Moslems. Sie treffen sich wie die Christen in besonderen Gebäuden zum gemeinsamen Gebet. Im Islam heisst das Gotteshaus Moschee, und Gott heisst Allah. In einer Moschee findest du kein Bild von Allah. Er allein und nicht ein Bild von ihm soll verehrt werden. Statt Abbildungen von Lebewesen und Pflanzen kennt die islamische Kunst reichhaltige Verzierungen aus Holz, Metall, Keramik oder gemalte Verzierungen. Darum haben sich im Islam besonders kunstvolle Ornamente und schöne Schriften entwickelt.

Das Muster ist Teil einer Wand in der Alhambra, Granada (Spanien), 13. Jh.

1

a. Nimm ein kariertes Papier, zeichne die Ornamente ab und setze sie fort.

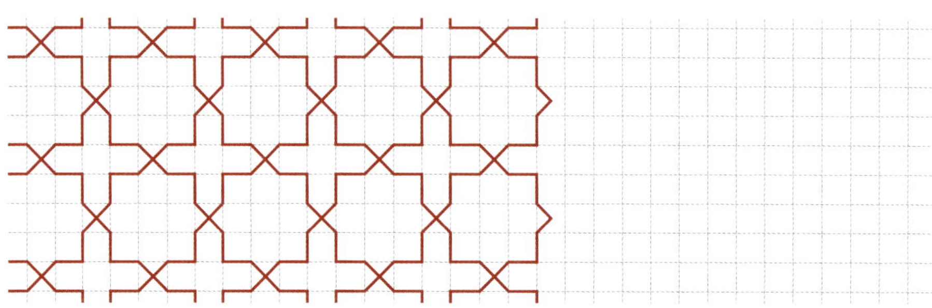

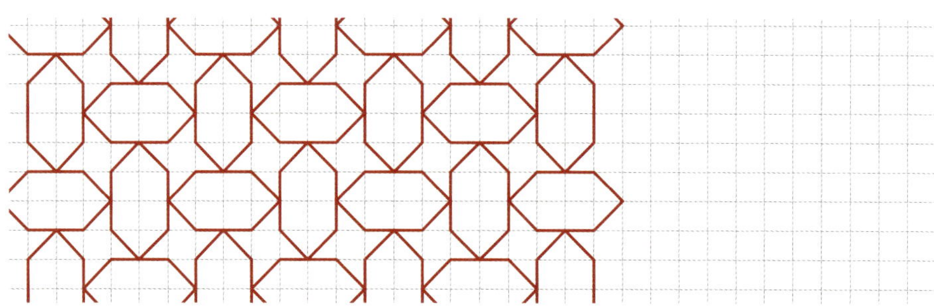

b. In diesen Ornamenten sind viele Symmetrien zu entdecken.
Wo kannst du einen Spiegel oder ein Spiegelpaar (Spiegelbuch) hinstellen, ohne das Muster zu verändern?

Geometrische Formen wahrnehmen und Symmetrien entdecken.

2 Hier siehst du zwei Beispiele auf Punktpapier. Lege ein durchsichtiges Papier oder eine Folie darauf und zeichne das Muster nach. Du kannst die Folie bewegen und sie mit dem Muster auf verschiedene Arten zur Deckung bringen. Beschreibe deine Entdeckungen.

a.

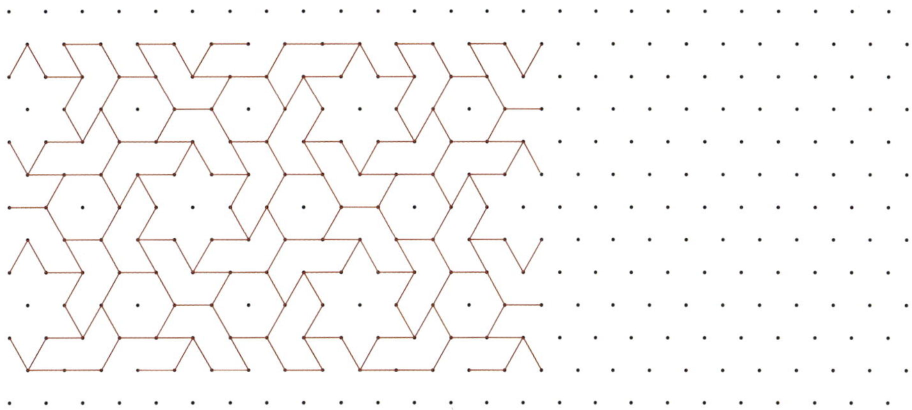

b.

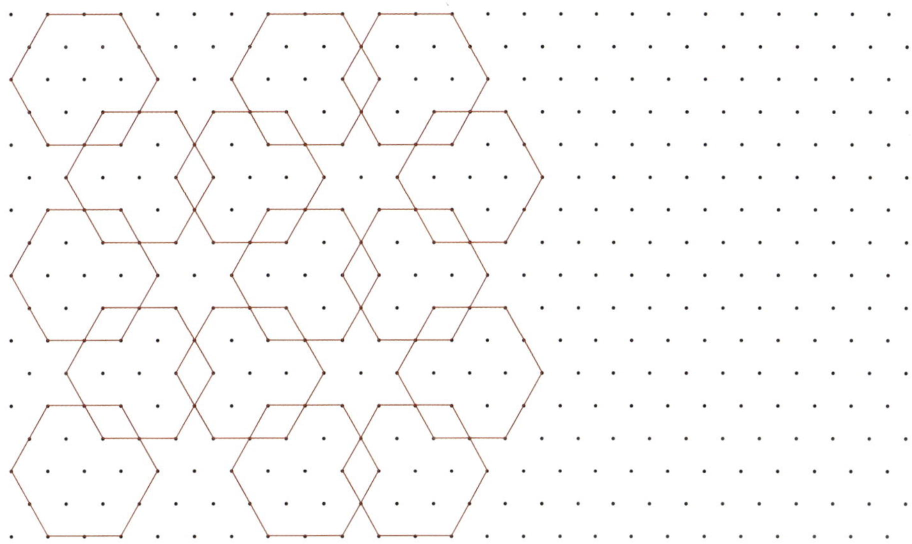

3 Zeichne diese Ornamente auf kariertes Papier.

4 Erfinde eigene Ornamente und zeichne sie auf kariertes Papier oder auf Punktpapier (Kopiervorlage).

Übungen zu den 4 Grundoperationen

Zu allen Übungen dieser Seite könnt ihr selber Aufgaben erfinden und einander zum Lösen geben.

Zahlenmauern

Zeichne diese Zahlenmauern ins Heft und trage die fehlenden Zahlen ein.
Regel: In jedem Stein steht die Summe der beiden darunter liegenden Steine.

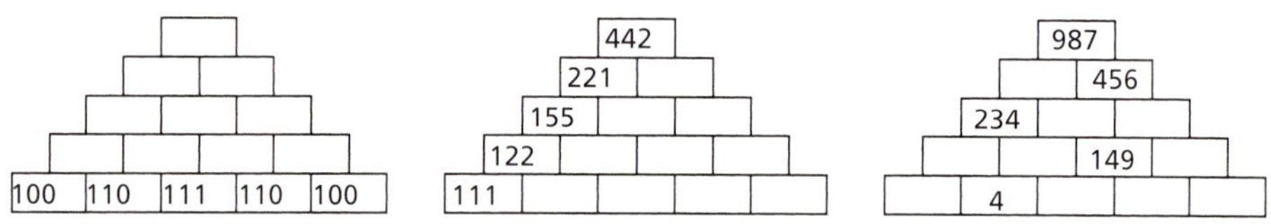

Rechendreiecke

Zeichne diese Rechendreiecke ins Heft und ergänze die fehlenden Zahlen.
Regel: Eine Zahl aussen ist die Summe der beiden nächstliegenden innern Zahlen.

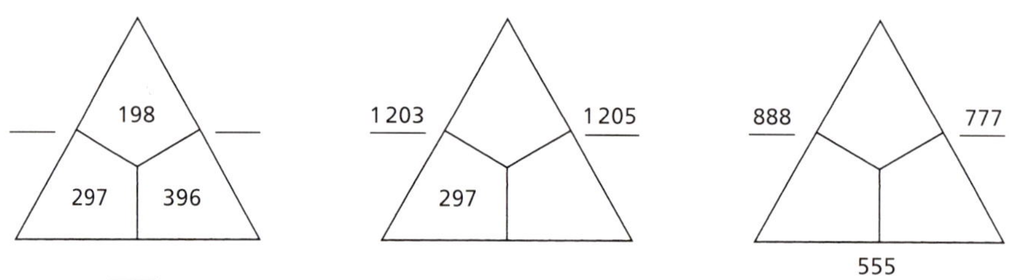

Malkreuze

Zeichne diese Malkreuze ins Heft und berechne die fehlenden Zahlen.

·	300	80	6
40			
8			

·	600	50	
90			630
		150	

·			8
20		800	
2	800		

Start – Ziel

Start 2 430 —(· 10)→ 24 300 —(: 2)→ .... Ziel

Starte ebenso mit: 3 451, 4 562, 5 673, 6 784, 7 895, 9 106

Hüpf in der Reihe

22 222	33 333	55 333	20 334	32 335	12 111	
– 10 111	– 12 999	– 22 998	+ 34 999	+ 59 997	+ 21 222	Ziel
						92 332

Übungsformate wiederholen.

Rechenbäume und Klammern

1 Hier hast du 2 Rechenbäume. Löse sie im Heft.

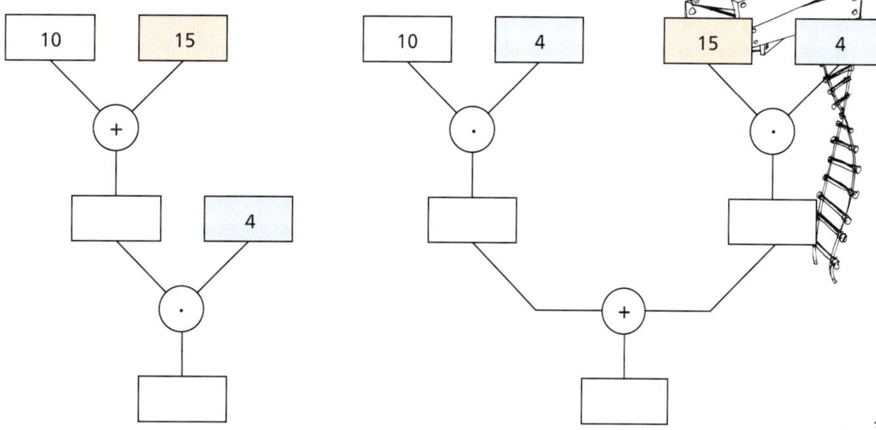

a. Ersetze in beiden Rechenbäumen die Zahl 10 durch 20, 30, 40, …
Was stellst du fest?

b. Ersetze in beiden Rechenbäumen die Zahl 15 durch 25, 35, 45, …
Was stellst du fest?

c. Ersetze in beiden Rechenbäumen die Zahl 4 durch 5, 6, 7, …
Was stellst du fest?

d. Ersetze in beiden Rechenbäumen jeweils die Zahlen 10, 15 und 4 durch eine beliebige von dir gewählte Zahl. Was stellst du fest?

Regel:
Rechne immer zuerst das, was in der Klammer steht.

2 Die beiden Rechenbäume kann man auch in Kurzform schreiben:
(10 · 4) + (15 · 4) und (10 + 15) · 4

a. Welche Kurzform gehört zu welchem Baum?

b. Schreibe in Kurzform auf, was du in Aufgabe 1 herausgefunden hast.

3 Löse folgende Rechnungen. Beachte die Regel:

a.	b.	c.
(12 – 8) · 6	(12 + 16) : 4	(20 + 5) · (6 + 4)
(120 – 80) · 6	(120 + 160) : 4	(20 + 5) · (6 – 4)
(1 200 – 800) · 6	(1 200 +1 600) : 4	(20 – 5) · (6 + 4)
(120 – 80) · 60	(1 200 + 1 600) : 40	(20 – 5) · (6 – 4)
(12 – 8) · 60	(120 + 160) : 40	(200 – 50) · (60 – 40)

d. Zeichne zu den Kurzformen in c die Rechenbäume.

Zahl	20	400	8 000	16 000	320 000	420	8 400
das Doppelte							

Zahl	30	600	12 000	240 000	480 000	630	12 600
die Hälfte							

Grössen bei Flugzeugen

Airbus A 321

Spannweite	34 m 10 c
Länge	44,50
Höhe	1180 c
Maximales Startgewicht	83 000 k
Maximales Landegewicht	74,500
Nutzlast	19 t 800 k
Reisegeschwindigkeit (km/h)	750–85
Treibstofftanks	23 700
Reichweite	3 200 k
Passagiere	17

Airbus A 320

Spannweite	34 m 20 cm
Länge	37,60 m
Höhe	1180 cm
Maximales Startgewicht	73 500 kg
Maximales Landegewicht	64,500 t
Nutzlast	16 t 100 kg
Reisegeschwindigkeit (km/h)	750–850
Treibstofftanks	23 700 l
Reichweite	3 600 km
Passagiere	134

Airbus A 319

Spannweite	34 m 10 cm
Länge	33,80 m
Höhe	1180 cm
Maximales Startgewicht	64 000 kg
Maximales Landegewicht	61,000 t
Nutzlast	12 t 500 kg
Reisegeschwindigkeit (km/h)	750–850
Treibstofftanks	23 700 l
Reichweite	3 000 km
Passagiere	110

Jumbo 747-357

Spannweite	59 m 60 cm
Länge	70,60 m
Höhe	1 930 cm
Maximales Startgewicht	372 000 kg
Maximales Landegewicht	285,800 t
Nutzlast	55 t 200 kg
Reisegeschwindigkeit (km/h)	890–920
Treibstofftanks	204 300 l
Reichweite	10 800 km
Passagiere	396

1

a. Welche Flugzeuge könnte man auf den Pausenplatz stellen? Miss nach.

b. Berechne die Unterschiede der Spannweiten, der Längen und der Höhen zwischen den Flugzeugen.

c. Berechne den Unterschied des Start- und Landegewichts bei jedem Flugzeug. Woher kommt der Unterschied? Vergleiche diesen Unterschied mit der Nutzlast.

MD-11

Spannweite	51 m 70 cm
Länge	61,20 m
Höhe	1 760 cm
Maximales Startgewicht	286 000 kg
Maximales Landegewicht	119,580 t
Nutzlast	47 t 700 kg
Reisegeschwindigkeit (km/h)	850–900
Treibstofftanks	147 000 l
Reichweite	13 000 km
Passagiere	257

2 Für 100 km braucht die A 319 etwa 600 l Treibstoff.

a. Wie viele Liter braucht sie für die verschiedenen Flugstrecken ungefähr?

b. Wie weit kann sie mit dem vollen Treibstofftank ungefähr fliegen? Vergleiche mit der Reichweite in der Tabelle.

3 Ein Flugzeug fliegt eine Woche lang täglich von Zürich zu einer europäischen Stadt und zurück.

a. Welche Strecke legt es zurück?

b. Wie lange ist die wöchentliche Reisedauer?

4 Stelle selbst weitere Aufgaben zusammen. Gib sie andern zu lösen.

5 Faltet Papierflieger. Welcher fliegt am weitesten?

Flugstrecke ab Zürich		Reisedauer
Amsterdam	600 km	1 h 30 min
Athen	1 600 km	2 h 50 min
Berlin	700 km	1 h 30 min
Brüssel	500 km	1 h 10 min
Budapest	800 km	1 h 40 min
Kopenhagen	1 000 km	1 h 45 min
Lissabon	1 700 km	2 h 40 min
London	800 km	1 h 40 min
Madrid	1 200 km	2 h 10 min
Oslo	1 400 km	2 h 20 min
Paris	500 km	1 h 10 min
Prag	500 km	1 h 10 min
Rom	700 km	1 h 30 min
Stockholm	1 500 km	2 h 30 min
Wien	600 km	1 h 20 min

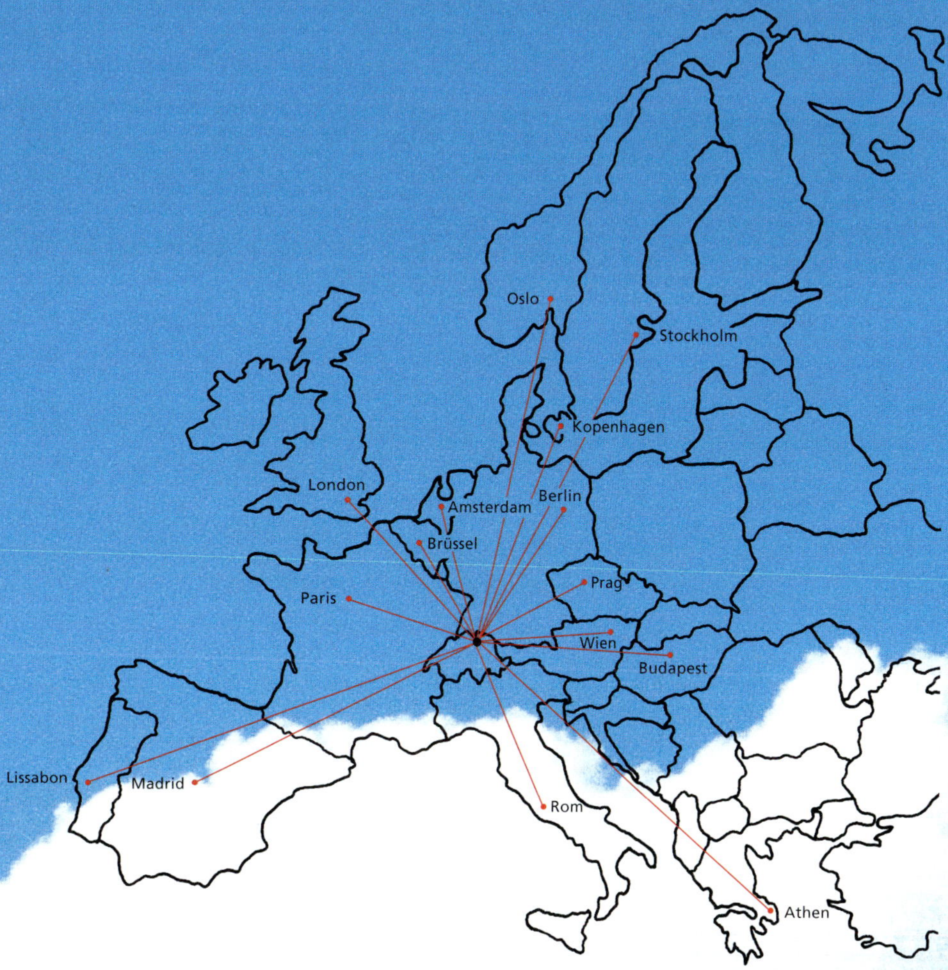

Grössen bei Bienen

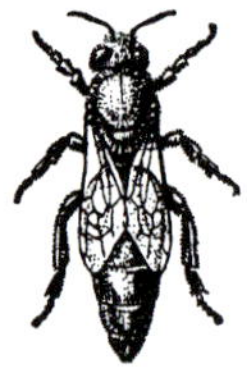

Königin

Arbeitsbiene

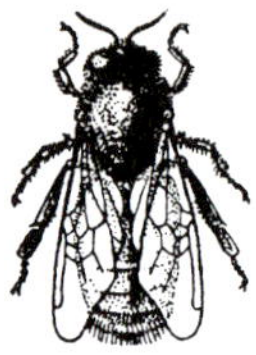

Drohne

Ein durchschnittliches Bienenvolk zählt 30 000 Bienen. Die meisten sind Arbeitsbienen. In ihrer Mitte lebt die Königin. Sie legt vom Frühling bis zum Sommer jeden Tag 1 000 bis 2 000 Eier. In einem Bienenvolk gibt es auch männliche Bienen. Man nennt sie Drohnen. Etwa 2 von 100 Bienen sind Drohnen.

Die jungen Arbeitsbienen bleiben im Bienenstock. Sie halten alles sauber, pflegen die Königin und die Brut und bauen neue Wachswaben. Wenn sie 20 Tage alt sind, fliegen sie aus. Sie sind jetzt Sammelbienen und bringen für die ganze Bienengemeinschaft Nahrung (Wasser, Blütenstaub und Nektar) in den Bienenstock. Sammelbienen fliegen etwa 10 Tage aus und sterben dann.

Nektar ist eine wässrige Zuckermischung. Aus 3 g Nektar entsteht 1 g Honig.

Wenn 100 Bienen je einmal ausfliegen, sammeln sie etwa 5 g Nektar. Davon verbrauchen sie ungefähr 2 g. Aus dem Rest entsteht Honig.
An einem sehr guten Tag unternimmt die Sammelbiene 20 Ausflüge. Jeder Ausflug dauert etwa 30 Minuten. Kein Wunder, reden wir vom sprichwörtlichen Bienenfleiss! Sammelbienen entfernen sich selten weiter als etwa 1 500 m vom Bienenstock. Sie können in einer Sekunde 6 m weit fliegen.

1 Oben sind die Bienen in Originalgrösse abgebildet. Miss die Länge der Körper und einzelner Körperteile.

2 Wie lange braucht eine Biene, um 1 500 m zurückzulegen? Wie lange brauchst du für die gleiche Strecke?

3 Erstellt gemeinsam Tabellen für 1, 10, 50, 100 oder 150 sehr gute Sammeltage! Teilt die Arbeit auf!

Beispiel für 1 Sammeltag

Anzahl Bienen	10	20	100	200	1000	5000
Anzahl Flüge	200					
Gesammelter Nektar	10 g					
Verbrauchter Nektar	4 g					
Nicht verbrauchter Nektar	6 g					
Honig	2 g					

4 Ergänze die Tabelle in deinem Heft:

Anzahl Bienen	50	100	150	200					
Anzahl Drohnen		2			5	50	100	150	200

5

a. Wie viel Nektar sammelt eine Biene in ihrem Leben?
b. Wie viele Rotkleeköpfe müsste eine Biene für diese Menge Nektar besuchen?
c. Wie viele Rotkleeköpfe sind ungefähr auf dem Bild zu sehen?
d. Wie viel Honig kann von diesem Feld geerntet werden?

Eine Biene muss etwa 125 Rotkleeköpfe besuchen, bis sie 1 g Nektar gesammelt hat.

6 Wie viele Bienenleben braucht es für einen Löffel Honig oder für ein ganzes Glas Honig?

7 Stelle selbst weitere Aufgaben zusammen. Gib sie anderen zu lösen.

Tabellen und Grafiken

Tabellen lesen

Du findest immer wieder Zahlen, die in Tabellen geschrieben sind. Hier siehst du einige Beispiele.

a.

WINTERPLAUSCH-PREISE

Alle Anlagen Beckenried-Klewenalp und Emmetten-Stockhütte sowie die PTT im Kanton Nidwalden und Uri.

TK=Tageskarte VK=Vormittagskarte	Zone A – B Klewenalp/Stockhütte		Zone A Klewenalp		Zone B Stockhütte	
	Erw.	Kinder	Erw.	Kinder	Erw.	Kinder
*VK bis 13.00 Uhr	33.–	22.–	30.–	20.–	26.–	18.–
TK ganzer Tag	37.–	25.–	34.–	23.–	29.–	20.–
TK ab 11.00 Uhr	34.–	23.–	31.–	21.–	27.–	19.–
TK ab 12.00 Uhr	32.–	22.–	29.–	20.–	25.–	18.–
TK ab 13.00 Uhr	30.–	21.–	28.–	19.–	24.–	17.–
2-Tage	68.–	46.–	63.–	43.–	54.–	37.–
3-Tage	97.–	66.–	89.–	61.–	76.–	53.–
4-Tage	123.–	83.–	113.–	77.–	97.–	67.–
5-Tage	146.–	99.–	134.–	91.–	115.–	79.–
6-Tage	166.–	112.–	152.–	103.–	130.–	90.–
7-Tage	182.–	123.–	168.–	114.–	143.–	99.–
8-Tage	196.–	132.–	180.–	122.–	154.–	106.–
9-Tage	206.–	139.–	189.–	128.–	162.–	112.–
10-21 Tage	auf Anfrage bei den Talstationen					
Saisonkarte	445.–	300.–	410.–	270.–	362.–	245.–
Jahreskarte	580.–	355.–	530.–	350.–	447.–	330.–

b.

Chur ◎
umsteigen in Zürich

Hinfahrt Zug	ab	an	Rückfahrt Zug	ab	an
IR	11 33 🍷	13 44 🍴	EC	11 16 🍴	13 26 🍷
IR	12 33 🍷	14 44 🍴	IR	FA 12 16 🍴	14 26 🍷
IR	13 33 🍷	FA 15 44 🍴		13 16 🍴	15 26 🍷
IR	14 33 🍷	16 44 🍴	IR	14 16 🍴	16 26 🍷
IR	15 33 🍷	FA 17 44 🍴		15 16 🍷	17 26 🍷
IR	16 33 🍷	18 44 🍴	IR	16 16 🍴	18 26 🍷
IR	17 33 🍷	19 44 🍷		17 16 🍷	19 26 🍷
IR	18 33 🍷	20 45 🍴	IR	FA 18 16 🍴	20 26 🍷
IR	19 33 🍷	21 45 🍷	IR	19 16 🍴	21 26 🍷
IR	20 33 🍷	22 45 🍴	IR	70 20 16 71	22 26 🍷
IR	21 33	0 04 🍷	IR	21 16 🍷	23 32
IR	22 33 🍷	0 46	IR	22 16 🍷	0 39

c.

1.	Young Boys	10	7	1	2	22: 7	22
2.	Wil	10	6	3	1	18: 12	21
3.	Delsberg	10	6	2	2	25: 13	20
4.	Lugano	10	5	4	1	18: 7	19
5.	Locarno	10	5	2	3	20: 13	17
6.	Solothurn	10	3	6	1	12: 9	15
7.	Yverdon	10	3	4	3	13: 12	13
8.	Baden	10	4	1	5	14: 18	13
9.	FC Schaffh.	10	3	2	5	14: 18	11
10.	Winterthur	10	2	4	4	8: 14	10
11.	SV Schaffh.	10	0	2	8	4: 26	2
12.	Thun	10	0	1	9	8: 27	1

Weisst du, was die Zahlen bedeuten? Erkläre jemandem die Tabellen. Frage nach, wenn du etwas nicht verstehst. Suche weitere Tabellen in Zeitungen, Zeitschriften und Katalogen.

Tabellen erstellen

Erstellt Tabellen mit Zahlen über die Schülerinnen und Schüler eurer Klasse, zum Beispiel:
Wer ist wie gross? Wer hat wie viele Geschwister? Wie lang ist der Schulweg? Wie schnell kann jedes Kind einmal ums Schulhaus rennen? …

	Grösse	Geschwister	Schulweg	Laufzeit
Barbara	141 cm	1	750 m	54 s
Ines	148 cm	2	……	……
Robin	163 cm	0	……	……
……	……	…	……	……

Grafiken lesen

Manchmal werden Zahlen durch Zeichnungen oder Grafiken anschaulich gemacht. Kannst du solche Darstellungen lesen?

a.

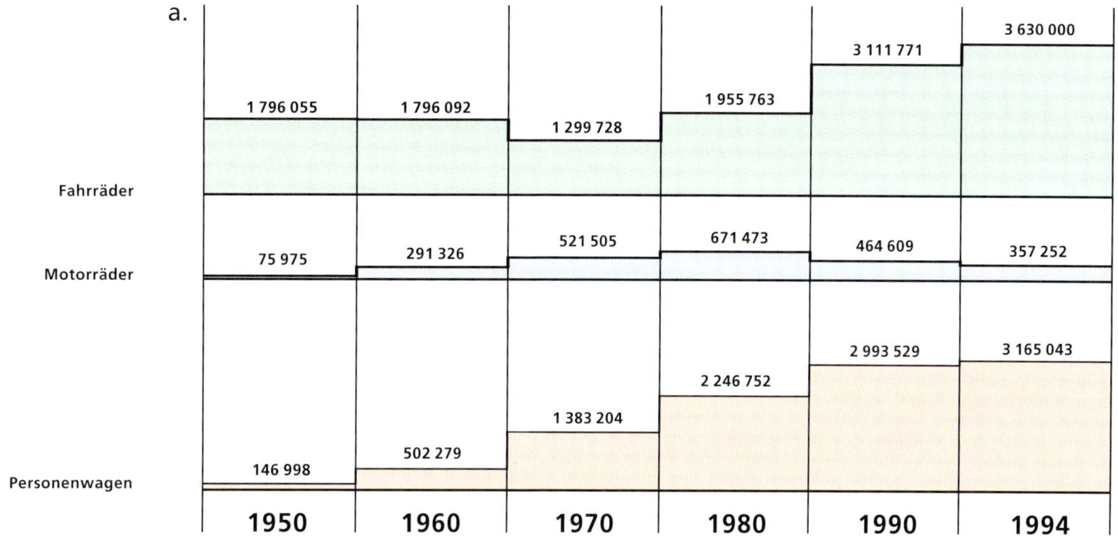

- Erzähle, was du erkennen kannst.
- Wie viele Velos gab es in der Schweiz im Jahr 1990?
- Wann gab es gleich viele Velos wie Autos in der Schweiz?

b. Jährliche Sonnenscheindauer in Stunden

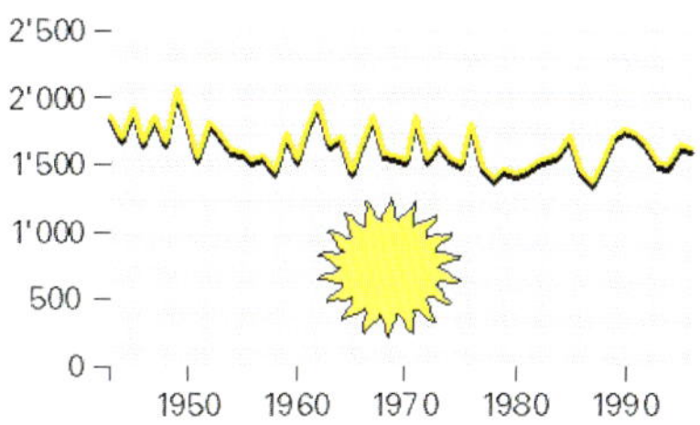

Jahresniederschlag in mm

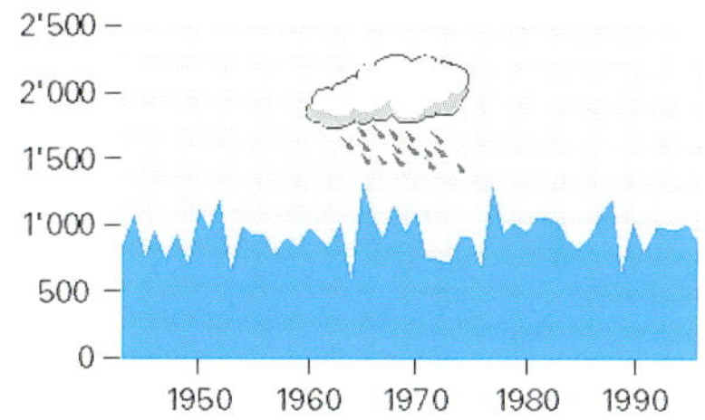

Jahrestemperatur in °C

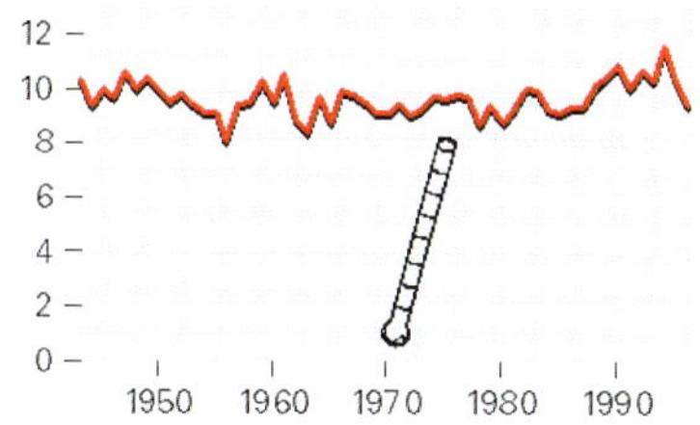

- Wie viele mm Niederschlag gab es im Jahr 1985?
- Wie hoch war die mittlere Jahrestemperatur in °C im wärmsten Jahr?
- In welchem Jahr schien die Sonne am längsten?
- Stellt einander weitere Fragen zu den Grafiken.

Grafiken erstellen

Erstellt Grafiken mit den Zahlen, die ihr in eurer Klasse gefunden habt.

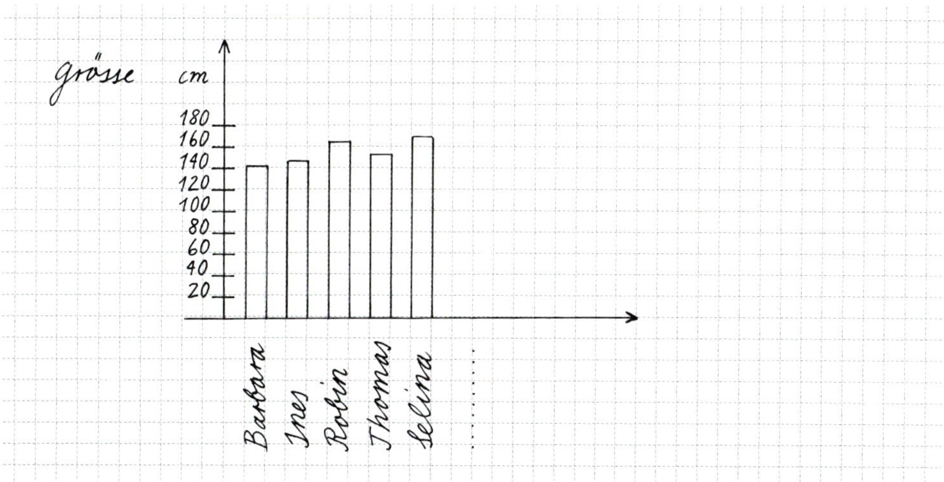

Figuren und Flächen

Dreiecke

1 Spanne auf dem Geobrett möglichst viele verschiedene Dreiecke und zeichne sie in das Blatt «Geobrett» (Kopiervorlage) ein.

Diese 3 Dreiecke werden nicht als verschieden betrachtet. Sie sind nur in einer anderen Lage.

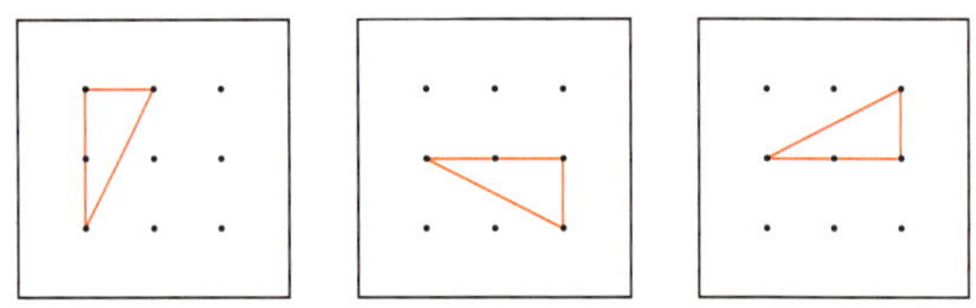

Spielen
Mit einem Gummiband kannst du auf dem Brett verschiedene Figuren spannen. Das Kind, das neben dir sitzt, versucht, die gleiche oder die symmetrische Figur dazu auf seinem Brett zu spannen. Du kannst Figuren auf kariertes Papier oder Punktpapier abzeichnen.

2 Unter deinen Dreiecken gibt es solche, die eine Symmetrieachse haben. Findest du sie heraus? Zeichne jeweils die Symmetrieachse ein.

Beispiel:

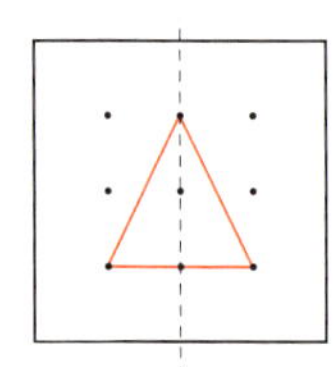

Symmetrieachse

3 Weisst du noch, was ein rechter Winkel ist? Die bei Aufgabe 1 gezeichneten Dreiecke haben einen rechten Winkel. Das in Aufgabe 2 gezeichnete Dreieck hat keinen rechten Winkel. Gibt es unter deinen Dreiecken weitere, die einen rechten Winkel haben?

Vierecke

Merke dir
Ein Viereck mit 4 rechten Winkeln heisst **Rechteck.**
Ein Rechteck mit 4 gleich langen Seiten heisst **Quadrat.**

4 Spanne auf dem Geobrett möglichst viele verschiedene Vierecke und zeichne sie in das Blatt «Geobrett» ein. Hier siehst du einige Beispiele von Vierecken:

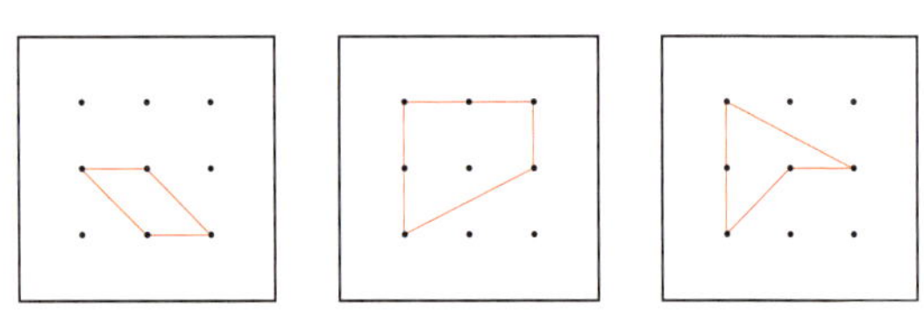

5 Welche Vierecke haben eine Symmetrieachse? Zeichne jeweils die Symmetrieachsen ein. Gibt es darunter auch Vierecke mit mehreren Symmetrieachsen?

6 Hat es unter deinen Vierecken Rechtecke? Hat es unter deinen Rechtecken Quadrate?

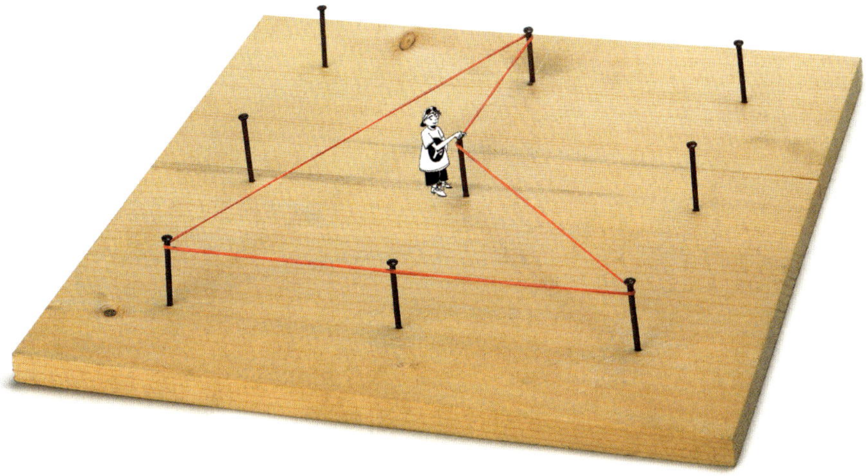

Das Geobrett ist ein quadratisches Brett mit 9 Nägeln in dieser Anordnung.

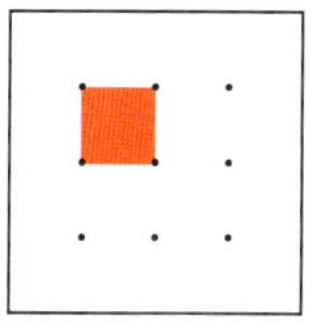

Flächen

Diese rote Fläche nennen wir Einheitsquadrat.
Sie macht gerade einen Viertel der Fläche zwischen den 9 Punkten aus.

7 Suche verschiedene Figuren, welche die gleiche Fläche abdecken wie das Einheitsquadrat.

8 Suche verschiedene Figuren, welche …

a. die Fläche von $1\frac{1}{2}$ Einheitsquadraten haben.
b. die Fläche von 2 Einheitsquadraten haben.
c. die Fläche von $2\frac{1}{2}$ Einheitsquadraten haben usw.

Der Mathematikprofessor Georg Pick aus Prag hat sich unter anderem mit Flächenproblemen auf dem Geobrett beschäftigt. Er hat interessante Beziehungen zwischen der Anzahl Nägel und der Fläche gefunden. Bei den gespannten Flächen hat er die Nägel auf dem Rand und die Nägel, die ganz im Innern der Fläche liegen, gezählt.

Forschungen des Mathematikers Georg Pick (1859–1942)

Diese Figur hat die Fläche von 3 Einheitsquadraten.
Sie hat 6 Nägel auf dem Rand und 1 Nagel im Innern.

Beispiel:

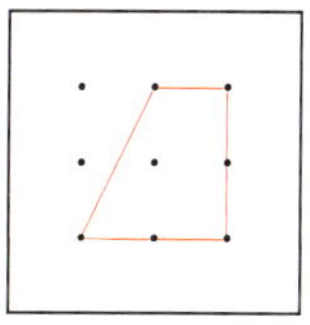

Anstelle des Geobretts kannst du kariertes Papier nehmen und Flächen zeichnen. Die Schnittpunkte der Gitterlinien gelten als Nägel. Das gibt dir zusätzliche Möglichkeiten für grössere Flächen.

Beispiel:

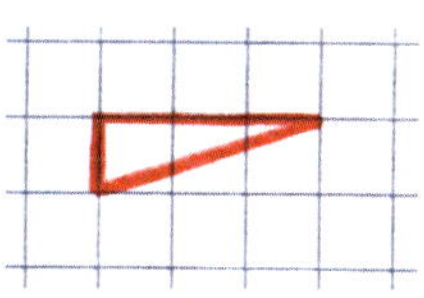

Diese Figur hat eine Fläche von $1\frac{1}{2}$ Einheitsquadraten.
Sie hat 5 Punkte auf dem Rand. Im Innern ist kein Punkt.

Spanne oder zeichne verschiedene Flächen. Notiere deine Beobachtungen in eine Tabelle ins Heft.

Fläche	$\frac{1}{2}$	1	$1\frac{1}{2}$	2	$2\frac{1}{2}$	3	$3\frac{1}{2}$	4	usw.
Randpunkte									
innere Punkte									

Achtung: Bei grösseren Flächen gibt es mehrere mögliche Lösungen.

1 Nimm ein Seil oder eine dicke Schnur und knüpfe einen einfachen Knoten. Verbinde die beiden freien Enden mit Faden, Klebeband oder schnell trocknendem Leim. Du hast nun einen Knoten mit drei Kreuzungen.

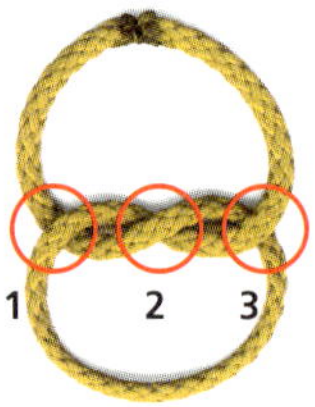

2 Hier sind zwei verschiedene Knoten:

a. Bilde beide Knoten mit zwei dicken Schnüren nach.
b. Zeichne beide Knoten ab.
c. Beide Knoten haben fünf Kreuzungen. Kreise sie auf deinen Zeichnungen ein.
d. Einer von beiden ist gar kein richtiger Knoten! Durch Umlegen von einzelnen Schnurteilen kannst du ihn wieder lösen.

3 Untersuche weitere Knoten.

A 

B 

C 

D 

E 

F 

G 

H 

a. Bilde sie mit Schnur nach.
b. Welche sind gar keine richtigen Knoten?
c. Zeichne sie ab.
d. Wähle einen Knoten aus. Schau ihn dir genau an und zeichne ihn auswendig.

Knoten knüpfen, zeichnen und untersuchen.

4 Besondere Knoten:

Knoten, der aus zwei Kleeblättern zusammengesetzt ist:

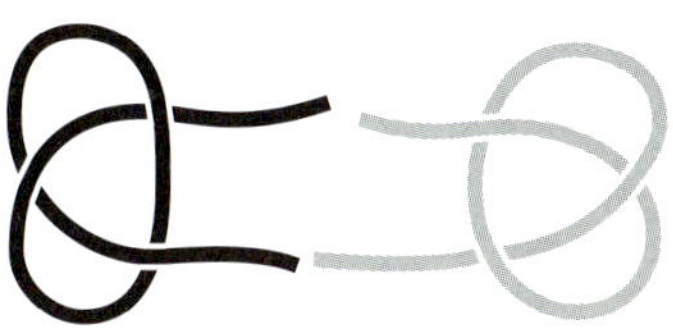

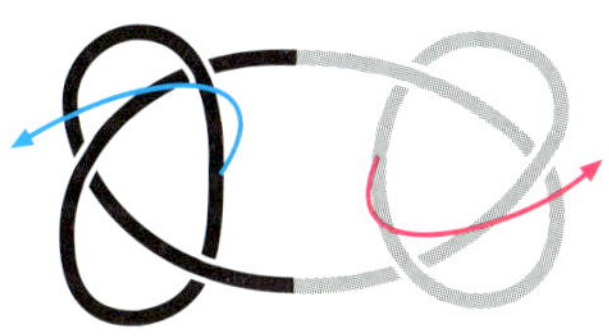

Durch Umlegen von einzelnen Schnurteilen entsteht daraus der Kreuzknoten.

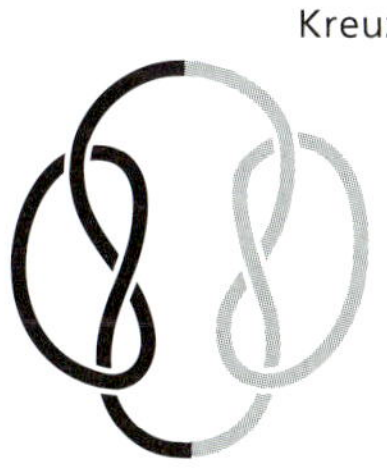

Er wird auch verwendet, wenn eine Wunde genäht werden muss.

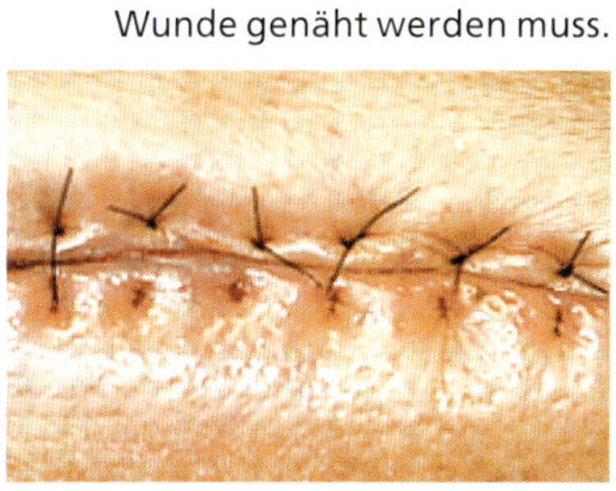

Kleeblatt

Bretzel

Kreuzknoten

a. Zeichne die drei Knoten.
b. Bilde sie mit Schnur nach.
c. Kannst du es auch auswendig?

5 Bilde den Knoten mit Schnur nach.
Bretzel? Kleeblatt? Kreuzknoten? Kein richtiger Knoten?
Lege einzelne Schnurteile um, bis du entscheiden kannst.

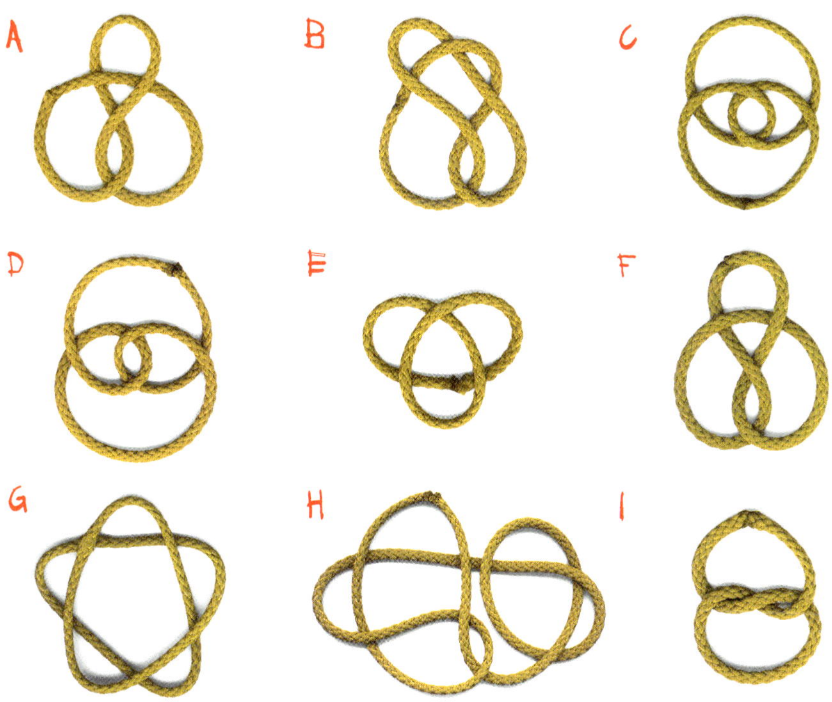

6 Bilde mit Schnur eigene Knoten.
a. Zeichne sie ab.
b. Wie viele Kreuzungen haben deine Knoten?
c. Kannst du durch Umlegen von Schnurteilen die Anzahl Kreuzungen verkleinern?
d. Bilde einen Knoten, der aus einem Kleeblatt und aus einer Bretzel zusammengesetzt ist.

Durchschnitte

Durchschnittswert

1 Wähle 5 aufeinander folgende Zahlen. Addiere sie. Teile das Ergebnis durch 5.
Beispiel: 1000 + 1001 + 1002 + 1003 + 1004 = 5010
5010 : 5 = 1002

2 Rechne mehrere Beispiele. Was stellst du fest? Warum ist das so?
a. Wähle 7 aufeinander folgende Zahlen. Addiere sie. Teile das Ergebnis durch 7.
b. Wähle 9, 11, 13, … aufeinander folgende Zahlen. Addiere sie.
Teile das Ergebnis durch 9, 11, 13, ….
c. Wähle 4, 6, 8, … aufeinander folgende Zahlen. Addiere sie.
Teile das Ergebnis durch 4, 6, 8, ….

3 Rechne mehrere Beispiele. Was stellst du fest? Warum ist das so?
a. Wähle 5 Zahlen mit gleichen Abständen. Addiere sie. Teile das Ergebnis durch 5.
Beispiel: erste Zahl 888, Abstand immer 100
888 + 988 + 1088 + 1188 + 1288 = ……
…… : 5 =

b. Wähle eine beliebige Anzahl Zahlen mit gleichen Abständen. Addiere sie.
Teile das Ergebnis durch die Anzahl gewählter Zahlen.

Merke dir
Wenn man einige Zahlen addiert und das Resultat durch die Anzahl der Zahlen teilt, so nennt man das Resultat **Durchschnittswert** dieser Zahlen.

4 Wähle 5 Zahlen mit gleichen Abständen so, dass du als Durchschnittswert die Zahl 1000 (1001, 1010, 1100) erhältst.
Suche jeweils verschiedene Lösungen.
Findest du auch Lösungen mit mehr als 5 Zahlen?
Findest du auch Lösungen, bei denen die Abstände zwischen den Zahlen unterschiedlich sind?

Durchschnittswerte berechnen

5 Bestimme jeweils den Durchschnittswert der Zahlen. Schätze, bevor du rechnest.
a. 1000, 2000, 3000, 4000, 5000, 6000
Überlege, bevor du weiterrechnest.
b. 1010, 2010, 3010, 4010, 5010, 6010
c. 2020, 3020, 4020, 5020, 6020, 7020
d. 20200, 30200, 40200, 50200, 60200, 70200
e. 200200, 300200, 400200, 500200, 600200, 700200
Vergleiche die Resultate.

6 Berechne den Durchschnittswert der Zahlen: 100, 200, 400, 700, 1 100, 1 600, 2 200.
Welchen Durchschnittswert vermutest du bei folgenden Zahlen?
Begründe deine Antwort oder überprüfe durch Rechnung.

a. 1 000, 2 000, 4 000, 7 000, 11 000, 16 000, 22 000
b. 1 100, 2 200, 4 400, 7 700, 12 100, 17 600, 24 200
c. 200, 400, 800, 1 400, 2 200, 3 200, 4 400
d. 900, 1 800, 3 600, 6 300, 9 900, 14 400, 19 800

7 Suche Zahlen mit vorgegebenem Durchschnittswert.

a. 7 Zahlen, gleicher Abstand, Durchschnittswert 100 (1 000, 10 000, …)
b. 6 Zahlen, gleicher Abstand, Durchschnittswert 50 (150, 250, 350, …)
c. 5 Zahlen, ungleiche Abstände, Durchschnittswert 60 (120, 240, 480, …)
d. 4 Zahlen, ungleiche Abstände, Durchschnittswert 111 (333, 999, 2 997, …)
e. 4 Zahlen, davon drei über und eine unter dem Durchschnittswert 25 (125, 625, …)
f. 4 Zahlen, davon drei unter und eine über dem Durchschnittswert 37 (237, 437, …)

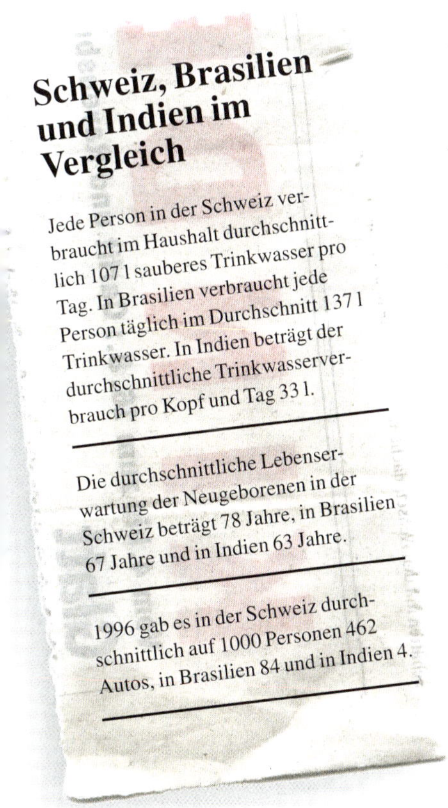

Schweiz, Brasilien und Indien im Vergleich

Jede Person in der Schweiz verbraucht im Haushalt durchschnittlich 107 l sauberes Trinkwasser pro Tag. In Brasilien verbraucht jede Person täglich im Durchschnitt 137 l Trinkwasser. In Indien beträgt der durchschnittliche Trinkwasserverbrauch pro Kopf und Tag 33 l.

Die durchschnittliche Lebenserwartung der Neugeborenen in der Schweiz beträgt 78 Jahre, in Brasilien 67 Jahre und in Indien 63 Jahre.

1996 gab es in der Schweiz durchschnittlich auf 1000 Personen 462 Autos, in Brasilien 84 und in Indien 4.

Durchschnittswerte im Alltag

8 In Zeitungen und Zeitschriften liest man häufig von Durchschnittswerten oder durchschnittlichen Werten. Nebenan siehst du Beispiele.

a. Was sagen dir diese Zahlen? Schreibe einen kleinen Bericht.
b. Suche nach weiteren Aussagen zu Durchschnittswerten in Zeitungen und Zeitschriften. Was sagen dir die Zahlen? Stelle deine Ergebnisse der Klasse vor.

9 Berechne Durchschnittswerte zu eurer Klasse. Als Ausgangspunkt könntest du die Tabelle von Seite 12 nehmen.

Weitere Beispiele:
durchschnittliche Körpergrösse
durchschnittliche Schuhgrösse
durchschnittliche Familiengrösse
………

„Das Glück dieser Erde ...“

Manuela ist seit einem schweren Unfall gelähmt. Der Arzt hat ihr eine Hippotherapie verordnet. Das ist eine spezielle Bewegungstherapie, eine Art Reitstunde. Die Bewegungen des Pferderückens lockern und kräftigen verkrampfte Muskeln. Islandpferde eignen sich besonders gut für diese Therapie. Sie sind klein, und sie haben einen freundlichen Charakter. Mani ist Manuelas Lieblingspferd.

Das Islandpferd ist ein kräftiges, robustes und liebes Kleinpferd. Auffällig ist die prächtige, buschige Mähne. Islandpferde sind meistens Schimmel oder Falben wie der hier abgebildete Mani. Fuchsfarbige Pferde, Braune oder Rappen sind selten.

Normalerweise findet die Therapie im Freien statt. Das Pferd wird einer Sandbahn entlanggeführt. Eine Runde dauert etwa 3 bis 5 Minuten, je nach Schritttempo. Bei schlechtem Wetter steht auch eine Reithalle zur Verfügung.

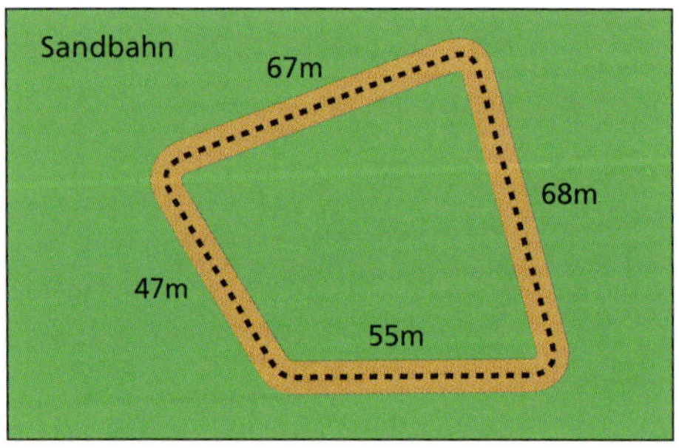

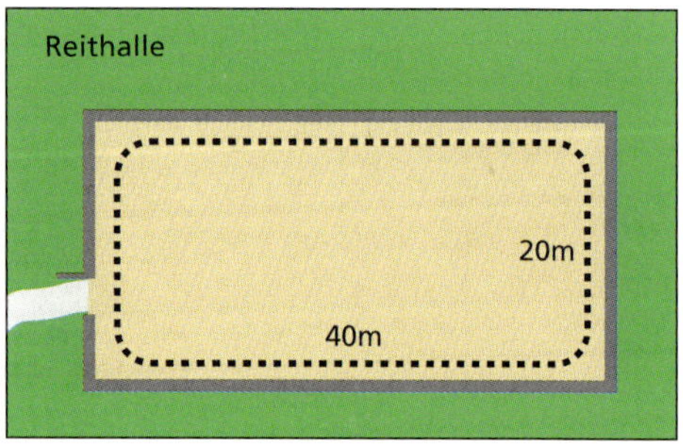

Strecken

1 Wie viele Meter misst eine ganze Runde auf der Sandbahn ungefähr? Und in der Reithalle?

2 Manuela darf auf Mani 1, 2, 3, ... Runden reiten. Die Therapeutin geht neben dem Pferd. Sie achtet nur auf Manuela. Eine zweite Person führt das Pferd. Wie viele Kilometer und Meter legen sie ungefähr zurück?

3 Eine Therapieeinheit dauert 30 Minuten. Nach wie vielen Therapieeinheiten hat Manuela ungefähr 5 km, 10 km, 15 km, ... auf dem Pferderücken zurückgelegt?

4 Die Therapeutin arbeitet pro Tag mit 1, 2, ..., 5 Personen. Wie viele Kilometer und Meter legt sie ungefähr pro Tag, Woche, Monat, ... zurück?

Reitstrecken berechnen.

Platz für Islandpferde

Auf dem Gutsbetrieb Eyhof, der zum Schweizerischen Paraplegikerzentrum Nottwil gehört, leben 7 Islandpferde. Im gedeckten Teil des Offenstalls hat jedes Pferd etwa 10 m^2 Platz. Für den Auslauf im ungedeckten Teil stehen jedem Pferd etwa 15 m^2 zur Verfügung. Dazu kommt eine grosse Weide, wo sich die Pferde nach der Arbeit austoben dürfen.

5 Vergleiche mit deinem Zimmer, mit einem Parkfeld, mit eurem Pausenplatz, mit eurer Turnwiese, ...: Wo wäre Platz für 1, 2, 3, ... Islandpferde?

Futter und Wasser für Islandpferde

Ein Islandpferd trinkt pro Tag je nach Wetter und Beanspruchung zwischen 20 und 50 Liter Wasser.
Im Winter erhält es morgens, mittags und abends je 2 kg Heu und 1 kg Stroh, am Mittag zusätzlich eine Mischung aus 500 g Hafer und 500 g Maiswürfeln.
Im Sommer begnügt sich das Islandpferd mit Heu und mit Gras von der Weide.

Ein Sack Hafer wiegt 50 kg und kostet etwa 45 Franken

Ein Sack Maiswürfel wiegt 40 kg und kostet etwa 34 Franken.

Ein Heuballen wiegt etwa 20 kg und kostet je nach Jahreszeit 8 bis 15 Franken.

Ein Ballen Stroh wiegt etwa 15 kg und kostet je nach Jahreszeit 5 bis 12 Franken.

6 Der Gutsbetrieb Eyhof kauft ein: 1, 2, 3, ... Säcke Hafer und Maiswürfel, 1 t, 2 t, 3 t, ... Heu und Stroh. Wie hoch sind die Rechnungen?

7 Wie viel Futter brauchen 1, 2, 3, ... Islandpferde pro Tag, Woche, Monat, ...?

8 Wie viele Kilogramm Heu hätten in eurem Schulzimmer Platz? Wie teuer wäre dieses Heu? Wie lange würde es für die Eyhof-Pferde reichen?

9 Wie viel Platz brauchen 1 t, 2 t, 3 t, ... Heu und Stroh?

10 Überlegt euch weitere Fragen und beantwortet sie.

Runden

Einkaufen

1 Du kaufst für die Familie Lebensmittel ein. Als du mit dem Warenkorb vor der Kasse Schlange stehst, fällt dir ein, dass du das Portemonnaie zu Hause vergessen hast. Zum Glück hast du noch 20 Franken im Sack, die du von der Gotte gestern bekommen hast. Gleich bist du dran. Überschlage, ob 20 Franken reichen. Berichte, wie du gerechnet hast.

2 Die Mutter fährt zur Garage, um Benzin zu tanken. Du schaust zum Autofenster hinaus und beobachtest die laufenden Zahlen von Litern und Franken. Wenn der Tank voll ist, schaltet die Einfüllung automatisch ab – die Anzeigen stehen still. Wie viel bezahlt die Mutter an der Kasse?
Stelle in einer Tabelle dar, welchen Betrag die Tanksäule anzeigt und wie viel für 20 bis 40 Liter bezahlt werden muss (gerundeter Wert).

Liter	20	21	22	23	24	25	...
Preisanzeige	23,40	24,57	25,74	...			
Bezahlter Preis	23,40	24,55	...				

Uhrzeit

3 Die Uhr zeigt an:

- 9.09 9.19 9.29 9.39 9.49 9.59
- 10.00 10.10 10.20 10.30 10.40 10.50
- 11.07 11.17 11.27 11.37 11.47 11.57
- 20.02 21.12 22.22 23.32 00.42 1.52

a. Gib die Uhrzeit auf eine halbe Stunde genau an.
b. Gib die Uhrzeit auf eine viertel Stunde genau an.
c. Runde die Uhrzeit auf 10 Minuten genau.
d. Beschreibe je eine Situation, wo das Runden auf eine halbe Stunde, eine viertel Stunde oder auf 10 Minuten im täglichen Leben sinnvoll ist.
e. In welchen Situationen darfst du keine Zeiten runden?

Name	Höhe
Chasseral	1 604
Clariden	3 268
Dufourspitze	4 634
Falknis	2 562
Finsteraarhorn	4 274
Matterhorn	4 477
Monte Ceneri	554
Jungfrau	4 158
Pilatus	2 120
Piz Bernina	4 049
Rheinwaldhorn	3 402
Säntis	2 503
Titlis	3 239
Tödi	3 614
Weissfluh Davos	2 844
Wildstrubel	3 244

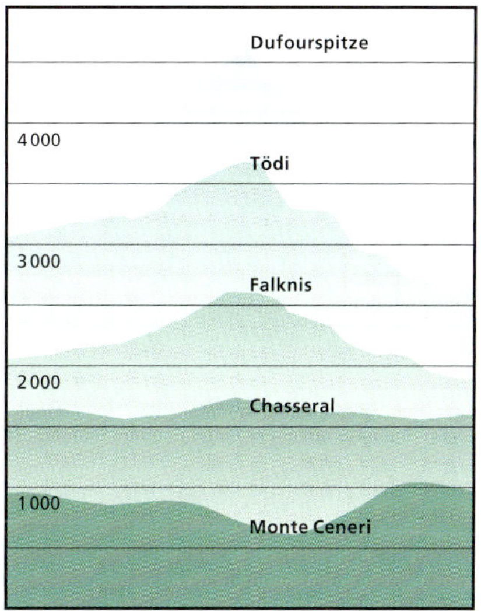

Berghöhen

4 Die Dufourspitze ist mit über 4 600 Meter der höchste Gipfel der Schweiz. Der Tödi ist mit seinen 3 600 m der höchste Berg der Glarner Alpen. Der Gipfel des Falknis, des höchsten Bergs von Liechtenstein, liegt 2 600 Meter über Meer. Die höchste Erhebung des Berner Juras ist der Chasseral mit 1 600 m. Der Weg nach Lugano führt über den 600 m hohen Monte Ceneri.
Alle diese Höhenangaben sind gerundet. So kann man sich Zahlen leichter merken und besser mit andern Zahlen vergleichen. Dadurch werden sie auch anschaulicher.

Vor dem Runden einer Zahl ist die Rundungsstelle (Zehner, Hunderter, Tausender, …) festzulegen. Die Ziffer, die rechts von der Rundungsstelle steht, ist für das Runden entscheidend.

Rundungsstelle (z. B. Hunderter)

Steht hier eine 5, 6, 7, 8 oder 9, so wird **aufgerundet.**

Clariden **3 268** ≈ 3 300 (aufgerundet)
Wildstrubel **3 244** ≈ 3 200 (abgerundet)

Steht hier eine 0, 1, 2, 3 oder 4, so wird **abgerundet.**

Wir machen ab:
Für gerundete Zahlen wird das Zeichen ≈ verwendet.
Man liest: «… ist ungefähr …»

a. Wie hoch sind die Gipfel in der Tabelle? Ordne die Höhenzahlen und runde sie auf 100 Meter.
b. Wie viele Meter über Meer liegt dein Wohnort?

5 Bei welchen Angaben darf man nicht runden:
a. Postleitzahlen?
b. Entfernung zwischen Solothurn und Olten?
c. Telefonnummer?
d. Geburtsjahr?
e. Einwohnerzahl von Zofingen?
f. Höhe des Eiffelturmes in Paris?
g. Autokennzeichen?
Suche weitere Beispiele, bei denen Zahlen nicht gerundet werden dürfen.

Addition Subtraktion

4 8 7 3 6 9

1 Nimm zweimal die 6 Ziffern 3, 4, 6, 7, 8 und 9.
Bilde damit 2 sechsstellige Zahlen.
In jeder Zahl sollen alle 6 Ziffern vorkommen.
Addiere oder subtrahiere die beiden Zahlen.

	4 6 7 8 9 3
+ (−)	3 4 6 7 8 9

a. Rechne einige Beispiele durch.
b. Bilde Aufgaben, die im Resultat eine 0 bei den Einern haben.
c. Bilde Aufgaben, die im Resultat eine 0 bei den Zehnern haben.
d. Bilde Aufgaben, die im Resultat eine 0 bei den Hundertern haben.
e. Bilde Aufgaben, die im Resultat eine 0 bei den Tausendern haben.
f. Bilde Aufgaben, die im Resultat eine 2 bei den Zehnern haben.
g. Bilde Aufgaben, die im Resultat eine 1 bei den Hundertern und eine 2 bei den Zehnern haben.
h. Stelle dir weitere solche Aufgaben.

2 Schreibe stellengerecht untereinander und addiere.

a.	b.	c.
23869 + 31686	769 + 6817 + 52414	5927 + 105182 + 2
31646 + 23909	7341 + 831 + 61828	8 + 10255 + 211959
39423 + 16132	62352 + 16755 + 893	318736 + 14 + 14583
47200 + 8355	71766 + 955 + 17279	323064 + 121360 + 20
54977 + 578	72290 + 1017 + 26693	429841 + 121366 + 4348

3 Schreibe stellengerecht untereinander und subtrahiere.

a.	b.	c.
25801 − 2345	123456 − 123447	1551 − 654
34801 − 234	12345 − 12247	66230 − 65432
35801 − 23456	1234 − 247	1043 − 65
45701 − 23	12345 − 2469	7422 − 6543
56791 − 2	123456 − 24691	655110 − 654321

4 Hüpf in der Reihe!

37134	35890	46901	68123	79234	24789	58012	
− 12345	+ 32233	+ 11111	− 21222	− 43344	+ 54445	− 13568	Ziel
							44444

Halbschriftlich oder schriftlich addieren und subtrahieren.

Multiplikation Division

5 Wie viele Stellen hat das Resultat?

a.	b.	c.	d.	e.
20 · 300	15 · 2000	36 · 22	1920 : 3	381200 : 40
30 · 300	150 · 200	31 · 320	192000 : 30	3812 : 4
40 · 300	150 · 400	260 · 42	69230 : 70	102600 : 3
400 · 300	1500 · 600	210 · 470	692300 : 7	102600 : 60
400 · 200	15 · 8000	1600 · 52	700049 : 7	1026 : 9

6 Schöne Rechnungen! Warum?

a.	b.	c.	d.	e.
77 · 13	37037 · 3	1 · 8 + 1	1 · 9 + 2	8554 : 7
77 · 26	37037 · 6	12 · 8 + 2	12 · 9 + 3	13998 : 6
77 · 39	37037 · 9	123 · 8 + 3	123 · 9 + 4	17220 : 5
77 · 52	37037 · 12	1234 · 8 + 4	1234 · 9 + 5	18220 : 4

7 Berechne die Differenz der beiden Ergebnisse.

a.	b.	c.	d.	e.
12 · 12	23 · 23	34 · 34	45 · 45	56 · 56
11 · 13	22 · 24	33 · 35	44 · 46	55 · 57

8 Wähle 4 Ziffernkärtchen, zum Beispiel 4 6 7 9

a. Bilde daraus eine dreistellige Zahl und multipliziere sie mit der vierten Ziffer.
Welches ist das grösste Resultat, das du erreichen kannst?
Welches ist das kleinste Resultat, das du erreichen kannst?

b. Bilde daraus 2 zweistellige Zahlen und multipliziere sie miteinander.
Welches ist das grösste Resultat, das du erreichen kannst?
Welches ist das kleinste Resultat, das du erreichen kannst?
Welche Resultate kannst du sonst noch erreichen?

9

a. Teile die Zahl 362 880 durch die Zahlen 2, 3, 4, 5, 6, 7, 8, 9.
Notiere die Resultate.

b. Welchen Rest erhältst du, wenn du die Zahl 362881 durch die Zahlen 2, 3, 4, 5, 6, 7, 8, 9 teilst?

c. Welchen Rest erhältst du, wenn du die Zahl 362885 durch die Zahlen 2, 3, 4, 5, 6, 7, 8, 9 teilst?

d. Teile die Zahl 362880 zuerst durch 2, dann das Resultat durch 3, dann das Resultat durch 4 usw. bis 9.

Halbschriftlich oder schriftlich multiplizieren und dividieren.

Grössen und Komma

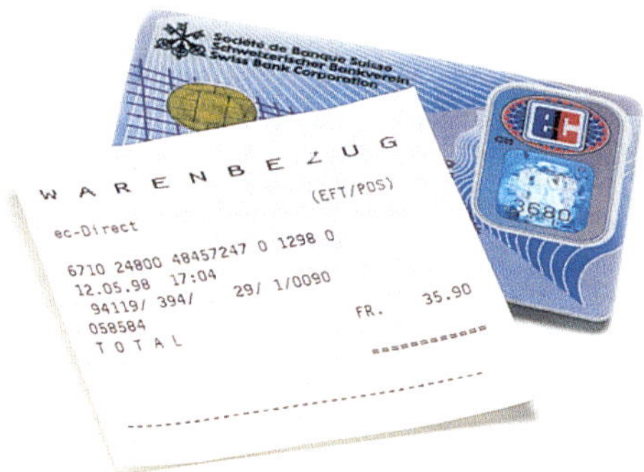

Du kannst Grössenangaben unterschiedlich schreiben, zum Beispiel beim Geld.

3 590 Rp.	35 Fr. 90 Rp.	35,90 Fr.	Fr. 35.90
im Alltag nicht gebräuchlich	eher selten	häufig, mit Komma oder Punkt	

Längen mit Komma

Das Gleiche kannst du mit Längen durchführen:

Zur Erinnerung:
1 cm = 10 mm
1 dm = 10 cm = 100 mm
1 m = 10 dm = 100 cm = 1 000 mm

1 m	10 cm	1 cm
1	3	5

1,35 m

Sprich: «eins Komma drei fünf Meter»

10 cm	1 cm	1 mm
1	3	5

13,5 cm

«dreizehn Komma fünf Zentimeter»

1 Schreibe in m und cm und mit Komma.

135 cm = 1 m 35 cm = 1,35 m
245 cm =
355 cm =
465 cm =
575 cm =
685 cm =

2 Schreibe in cm und mm und mit Komma.

135 mm = 13 cm 5 mm = 13,5 cm
245 mm =
355 mm =
465 mm =
575 mm =
685 mm =

Zur Erinnerung:
1 km = 1 000 m

1 km	100 m	10 m	1 m
1	3	5	0

1,350 km

Sprich: «eins Komma drei fünf null Kilometer»

3 Schreibe in km und m und mit Komma.
1 350 m = 1 km 350 m = 1,350 km
2 450 m =
3 550 m =
4 650 m =
5 750 m =
6 850 m =

4 Schreibe in km mit Komma.
123 500 m =
12 350 m =
1 235 m =
123 m =
12 m =
1 m =

Verschiedene Grössen mit Komma

Zur Erinnerung:
1 hl = 100 l
1 l = 10 dl = 100 cl = 1 000 ml
1 dl = 10 cl = 100 ml

1 hl	10 l	1 l
3	6	9

3,69 hl

1 l	10 cl	1 cl
1	2	3

1,23 l

oder

1 l	100 ml	10 ml	1 ml
1	2	3	0

1,230 l

Zur Erinnerung:
1 t = 1 000 kg
1 kg = 1 000 g

1 kg	100 g	10 g	1 g
1	3	5	7

1,357 kg

1 t	100 kg	10 kg	1 kg
2	4	6	8

2,468 t

5 Schreibe auf verschiedene Arten, z. B.: 12,3 l = 123 dl = 0,123 hl = 12 l 3 dl = …

a.	b.	c.	d.	e.
12,3 l	1,357 kg	0,002 t	22,44 hl	9,99 hl
123,0 l	13,570 kg	0,024 t	2,24 hl	9,99 kg
1,23 l	135,700 kg	0,246 t	0,22 hl	9,99 l
0,123 l	1 357,000 kg	2,468 t	0,02 hl	9,999 t

6 Schreibe mit Komma.

a.	b.	c.	d.
45 l 6 dl	13 kg 500 g	333 m 3 dm	9 km 450 m
45 l 6 ml	13 kg 50 g	333 m 3 cm	9 km 45 m
45 hl 6 l	13 kg 5 g	333 m 3 mm	94 km 5 m
45 hl 60 l	1 350 kg	333 m 33 cm	94 km 50 m

7 2 Paare gehören jeweils zusammen, eine Zahl fällt aus dem Rahmen.

a.	5,004 kg	5 kg 40 g	5 004 g	5,040 kg	5,400 kg
b.	163 l	1630 ml	1,63 l	1,63 hl	16,3 cl
c.	134,5 m	134,5 cm	1,345 km	1 345 mm	1 345 m

8 Ordne jeweils der Grösse nach.

a.	987 m	9,87 km	9 km 87 m	9,087 km	9 km 870 m
b.	75,430 t	75 t 43 kg	7 543 kg	75,43 t	75 t 430 kg
c.	842 cm	84,20 m	842,0 dm	84 m 2 cm	84 m 20 cm

Rechnen mit Komma

Addition

Achmed und Nadine haben ihren Schulweg gemessen.
Achmed wohnt 1 km 480 m nördlich des Schulhauses. Nadine wohnt südlich des Schulhauses. Ihr Schulweg beträgt 670 m. Sie wollen ausrechnen, wie weit es von Achmed zu Nadine ist. Sie überlegen sich verschiedene Möglichkeiten.

1. Möglichkeit: 1 km 480 m + 670 m = 1 km + 1150 m = 2 km 150 m = 2,150 km

2. Möglichkeit:
1480 m
670 m
2150 m = 2 km 150 m = 2,150 km

3. Möglichkeit:
1,480 km
0,670 km
2,150 km

Wie rechnest du?

1

	a.	b.	c.
	9,39 m + 8,96 m	8,76 l + 12,58 l	10,648 km + 19,847 km
	10,50 m + 7,95 m	9,02 l + 14,32 l	10,520 km + 18,975 km
	11,61 m + 6,94 m	9,28 l + 16,06 l	10,392 km + 18,103 km
	12,72 m + 5,93 m	9,54 l + 17,80 l	10,264 km + 17,231 km
	13,83 m + 4,92 m	9,80 l + 19,54 l	10,136 km + 16,359 km
	14,94 m + 3,91 m	10,06 l + 21,28 l	10,008 km + 15,487 km

Subtraktion

Achmed und Nadine berechnen den Unterschied ihrer beiden Schulwege.
Sie überlegen sich auch hier verschiedene Möglichkeiten:

1. Möglichkeit: 1 km 480 m − 670 m =

2. Möglichkeit: 1480 m − 670 m =

3. Möglichkeit: 1,480 km − 0,670 km =

Wie rechnest du?

2

	a.	b.	c.
	90,12 hl − 10,31 hl	321,321 kg − 123,123 kg	321,204 t − 287,871 t
	90,21 hl − 10,41 hl	432,432 kg − 234,234 kg	312,240 t − 278,906 t
	91,30 hl − 11,51 hl	543,543 kg − 345,345 kg	321,402 t − 288,067 t
	91,39 hl − 11,61 hl	654,654 kg − 456,456 kg	312,420 t − 279,084 t
	92,48 hl − 12,71 hl	753,753 kg − 357,357 kg	321,024 t − 287,687 t

Grössen mit Komma addieren und subtrahieren.

Multiplikation

Am Montag hat Achmed am Morgen und am Nachmittag Schule. Er geht über Mittag nach Hause. Nadine rechnet mit ihm auf verschiedene Arten aus, welche Strecke er am Montag insgesamt zurücklegt.

1. Möglichkeit: $4 \cdot 1{,}480\ km = 4 \cdot 1\ km + 4 \cdot 480\ m = 4\ km + 4 \cdot 400\ m + 4 \cdot 80\ m = 4\ km + 1\ km\ 600\ m + 320\ m = 5\ km\ 920\ m$

2. Möglichkeit: $4 \cdot 1{,}480\ km = 4 \cdot 1{,}500\ km - 4 \cdot 20\ m = 6\ km - 80\ m = 5\ km\ 920\ m$

3. Möglichkeit: $4 \cdot 1480\ m = 4 \cdot 1000\ m + 4 \cdot 400\ m + 4 \cdot 80\ m = 4000\ m + 1600\ m + 320\ m = 5920\ m = 5{,}920\ km$

4. Möglichkeit:
$4 \cdot 1{,}480\ km$
$5{,}920\ km$

Wie rechnest du?

3

a.	b.	c.
2 · 5,760 km	3 · 23,050 kg	9 · 14,380 t
4 · 2,880 km	5 · 14,230 kg	3 · 40,140 t
6 · 1,920 km	7 · 10,450 kg	6 · 18,570 t
8 · 1,440 km	9 · 8,350 kg	4 · 25,605 t
10 · 1,152 km	0 · 8,115 kg	2 · 46,710 t

Division

Achmed und Nadine fragen ihren Lehrer, wie lang sein Schulweg sei. Er antwortet: «Ich komme mit dem Velo zur Schule und fahre über Mittag nach Hause. An einem ganzen Schultag fahre ich 5,560 km.» Typisch Lehrer. Jetzt müssen sie rechnen. Sie rechnen auf folgende Arten:

1. Möglichkeit: $5{,}560\ km = 5560\ m$
$5560\ m : 4 = 4000\ m : 4 + 1200\ m : 4 + 360\ m : 4 = 1000\ m + 300\ m + 90\ m = 1390\ m = 1{,}390\ km$

2. Möglichkeit: $5{,}560\ km : 4 = 5\ km : 4 + 560\ m : 4 = 1\ km\ 250\ m + 140\ m = 1{,}390\ km$

3. Möglichkeit: $5{,}560\ km : 4 = 1{,}390\ km$
4
15
12
36
36
000

Wie rechnest du?

4

a.	b.	c.
1,480 km : 2	51,030 t : 3	3,002 kg : 2
2,960 km : 4	17,010 t : 3	30,020 kg : 20
4,440 km : 6	5,670 t : 3	300,200 kg : 20
5,920 km : 8	1,890 t : 3	330,220 kg : 22
13,320 km : 9	0,630 t : 3	330,022 kg : 22

Proportionalität 1

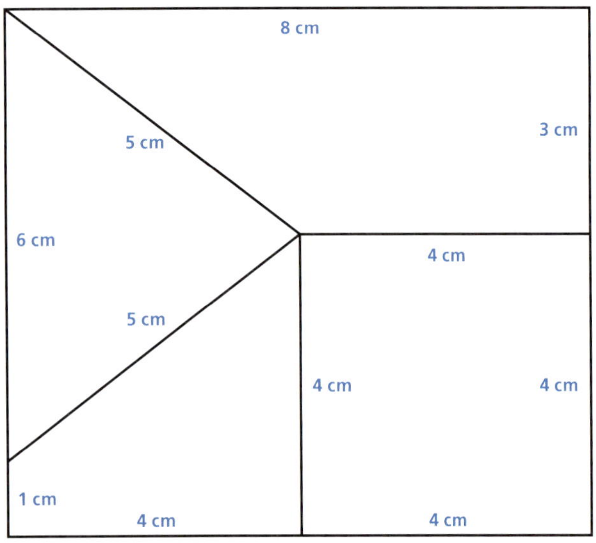

Vergrössern und verkleinern

1 Dieses Rechteck besteht aus 4 Teilen. Stellt aus Papier ein grösseres Rechteck her. Die Teile sollen genau die gleiche Form haben wie in der abgebildeten Figur. Was jetzt 4 cm lang ist, soll bei den neuen Teilen 6 cm lang sein.

2 Schreibt diese Tabelle ins Heft und füllt sie aus.

altes Rechteck	1 cm	3 cm	4 cm	5 cm	6 cm	8 cm
neues Rechteck			6 cm			

Wenn ihr die Aufgabe richtig gelöst habt, hat das neue Rechteck eine Länge von 12 cm und eine Breite von 10,5 cm. Schreibt auf, wie ihr die Lösung gefunden habt. Untersucht die Tabelle!

3 Man kann das Rechteck auch auf eine andere Art vergrössern oder verkleinern. Schreibe diese Tabellen ins Heft und fülle sie aus.

a.

altes Rechteck	1 cm	3 cm	4 cm	5 cm	6 cm	8 cm
neues Rechteck			10 cm			

b.

altes Rechteck	1 cm	3 cm	4 cm	5 cm	6 cm	8 cm
neues Rechteck				15 cm		

c.

altes Rechteck	1 cm	3 cm	4 cm	5 cm	6 cm	8 cm
neues Rechteck					3 cm	

30 · 2 : 3	60 · 2 : 3	90 · 2 : 3	120 · 2 : 3	150 · 2 : 3	180 · 2 : 3	210 · 2 : 3	240 · 2 : 3
15 : 5 · 3	30 : 5 · 3	45 : 5 · 3	60 : 5 · 3	75 : 5 · 3	90 : 5 · 3	105 : 5 · 3	120 : 5 · 3
30 : 2 · 3	60 : 2 · 3	90 : 2 · 3	120 : 2 · 3	150 : 2 · 3	180 : 2 · 3	210 : 2 · 3	240 : 2 · 3
30 · 4 : 3	60 · 3 : 4	90 · 3 : 4	120 · 3 : 4	150 · 3 : 4	180 · 3 : 4	210 · 3 : 4	240 · 3 : 4
30 : 5 · 6	60 : 5 · 6	90 : 5 · 6	120 : 5 · 6	150 : 5 · 6	180 : 5 · 6	210 : 5 · 6	240 : 5 · 6
20 · 2 : 5	60 · 2 : 5	100 · 2 : 5	140 · 2 : 5	180 · 2 : 5	220 · 2 : 5	260 · 2 : 5	300 · 2 : 5

Tabellen ausfüllen. Gesetzmässigkeiten erkennen.

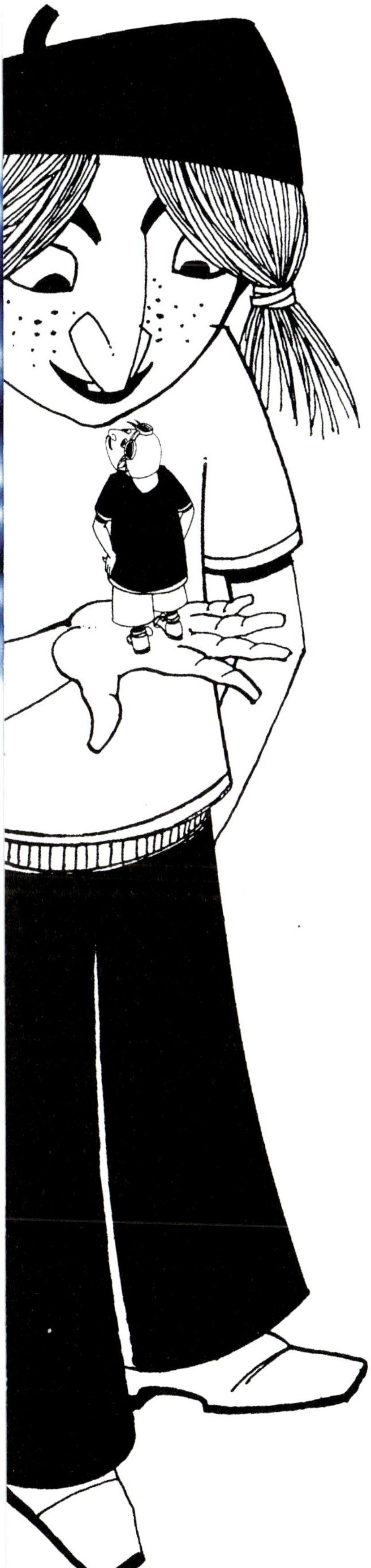

Preislisten

4 Hier siehst du einige unvollständige Preislisten. Schreibe sie in dein Heft und ergänze sie.

a. Orangen

Gewicht	Preis
1 kg	
2 kg	Fr. 5.–
3 kg	
4 kg	
5 kg	
6 kg	
7 kg	
8 kg	

b. Ananas

Anzahl	Preis
1 Stück	
2 Stück	
3 Stück	
4 Stück	Fr. 12.–
5 Stück	
6 Stück	
7 Stück	
8 Stück	

c. Kabel

Länge	Preis
1 m	
2 m	
3 m	
4 m	
5 m	Fr. 2.50
6 m	
7 m	
8 m	

5 Vergleiche die Tabellen aus Aufgabe 3 und Aufgabe 4 miteinander. Die einen sind von links nach rechts zu lesen, die andern von oben nach unten. Was fällt dir sonst noch auf? Schreibe deine Beobachtungen ins Heft.

6 Erstelle Preistabellen mit folgenden Angaben:

a. 6 Eier kosten Fr. 3.–. Erstelle eine Preistabelle für 1 bis 12 Stück.

b. 4 Schoggiköpfe kosten Fr. 2.80. Erstelle eine Preistabelle für 1 bis 12 Stück.

c. 3 Paar Socken kosten Fr. 9.90. Erstelle eine Preistabelle für 1 bis 12 Paar.

d. Ein Harass mit 12 Flaschen Mineralwasser kostet Fr. 10.80.
Erstelle eine Preistabelle für 1 bis 12 Flaschen.

7 Nimm die Preise aus Aufgabe 6 und beantworte folgende Fragen:

a. Was kosten 20, 30, 50, 100 Eier?

b. Was kosten 20, 30, 50, 100 Schoggiköpfe?

c. Was kosten 15, 18, 19, 20, 21 Paar Socken?

d. Was kosten 2, 3, 5, 8 Harasse Mineralwasser? Wie viele Flaschen sind das jeweils?

Rezept

8 Im Buch «Kochen im Ferienlager» stehen Rezepte für 10 Personen.
Für Vanillecrème findet man folgende Angaben.

2,5 l Milch
400 g Zucker
150 g Vanillecrème-Pulver

1. 2 l Milch zum Kochen bringen.
2. Vanillecrème-Pulver mit der restlichen Milch kalt anrühren.
3. Zucker in die heisse Milch geben und unter Umrühren aufkochen.
4. Heisse Milch vom Feuer nehmen, angerührtes Crèmepulver unter ständigem Rühren dazugeben.

Wie viel Milch, Zucker und Vanillecrème-Pulver braucht es, wenn 15, 18, 25, 27, 30, 40 Kinder im Lager sind? Rechne möglichst geschickt.

Tabellen zur Proportionalität erstellen und berechnen.

Brüche im Alltag

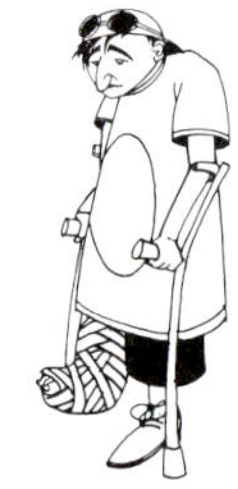

Alltagssituationen verstehen und kommentieren.

Wie lautet das Rezept, wenn du ein Glas Karamelpunsch für dich allein zubereiten willst?
Wie lautet das Rezept für 2, 3, 6, 8, … Personen?

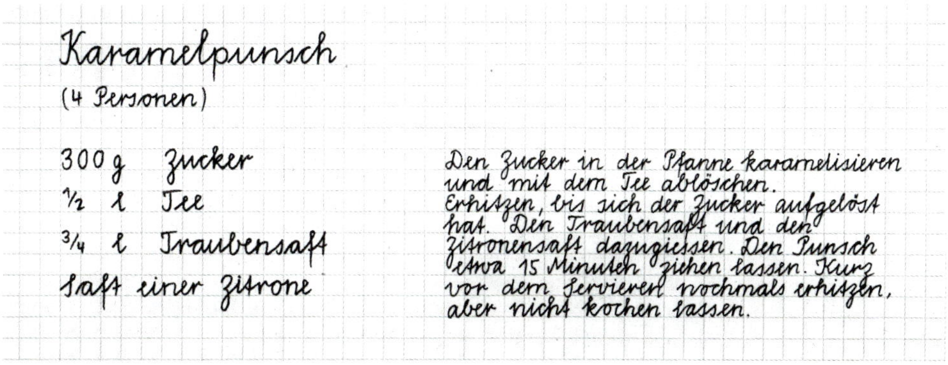

Karamelpunsch
(4 Personen)

300 g Zucker
$\frac{1}{2}$ l Tee
$\frac{3}{4}$ l Traubensaft
Saft einer Zitrone

Den Zucker in der Pfanne karamelisieren und mit dem Tee ablöschen. Erhitzen, bis sich der Zucker aufgelöst hat. Den Traubensaft und den Zitronensaft dazugiessen. Den Punsch etwa 15 Minuten ziehen lassen. Kurz vor dem Servieren nochmals erhitzen, aber nicht kochen lassen.

Giesst aus dem Messbecher Wasser in andere Gefässe. Messt ab.

$1\,l - \frac{1}{2}\,l$

$\frac{1}{2}\,l - \frac{1}{4}\,l$

$\frac{3}{4}\,l - \frac{1}{2}\,l$

Erfindet weitere Beispiele.

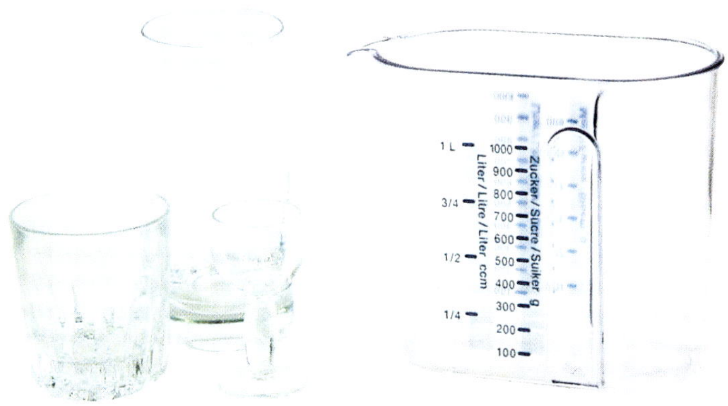

Erklärt den anderen folgende Zeitangaben:
eine Viertelstunde
eine halbe Stunde
viertel vor sieben
eine Halbzeit beim Fussballspiel
ein Spieldrittel beim Eishockey
eine Hundertstelsekunde

Bruchteile darstellen

Plättchen legen – Teile beschreiben

6 Plättchen von 24 sind rot.

Von 24 Plättchen ist jedes vierte rot.

Der vierte Teil von 24 Plättchen ist rot. Ein Viertel von 24 Plättchen ist rot. $\frac{1}{4}$ von 24 = 6

1 Lege und beschreibe ebenso auf verschiedene Arten.

a. 

b. 

c. 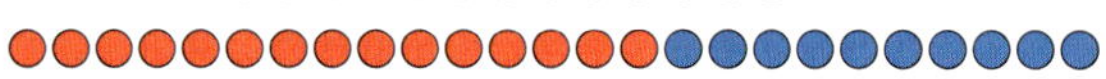

Zwei Fünftel von 20

Stefan 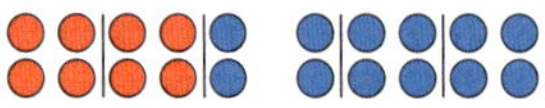 «Ich habe das Zwanzigerfeld in 5 gleiche Teile unterteilt. Der fünfte Teil von 20 ist 4, zweimal der fünfte Teil ist 8.»

Ursula 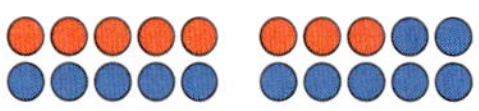 «Ich habe gerechnet: durch fünf mal zwei.»
$20 : 5 = 4 \quad 4 \cdot 2 = 8$

Monika 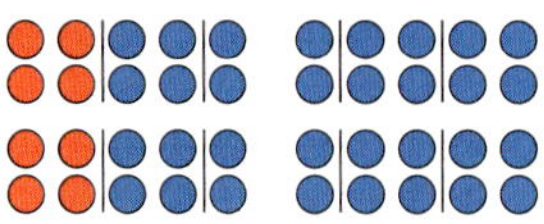 «$\frac{2}{5}$ von 20 ist das Gleiche wie $\frac{1}{5}$ von 40, das ist 8.»

Gregor 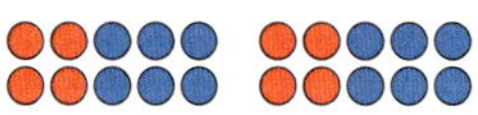 «Immer 2 von 5 Plättchen sind rot. Das sind viermal zwei, also acht.»

2 Lege 36 Wendeplättchen.

a. Stelle folgende Bruchteile von 36 dar. Verwende verschiedene Methoden und vergleiche die Ergebnisse.
$\frac{1}{2}$ von 36 = 18 $\quad$ $\frac{2}{3}$ von 36 = $\quad$ $\frac{3}{4}$ von 36 = $\quad$ $\frac{4}{6}$ von 36 = $\quad$ $\frac{5}{9}$ von 36 =

b. Suche weitere Bruchteile von 36.

Bruchteile an der Zahlenreihe und am Zwanzigerfeld bilden und beschreiben.

$\frac{1}{4}$ **von 100 = 25**

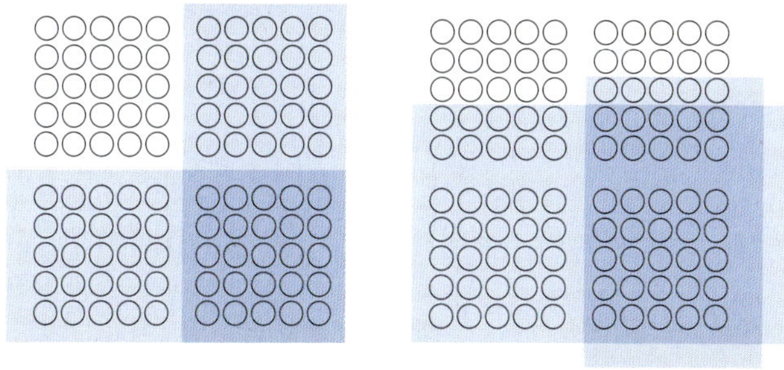

3 Stelle verschiedene Bruchteile am Hunderterfeld durch Abdecken mit Folienstreifen dar und notiere dazu jeweils das Ergebnis.

4 Bestimme den Anteil der roten Plättchen.

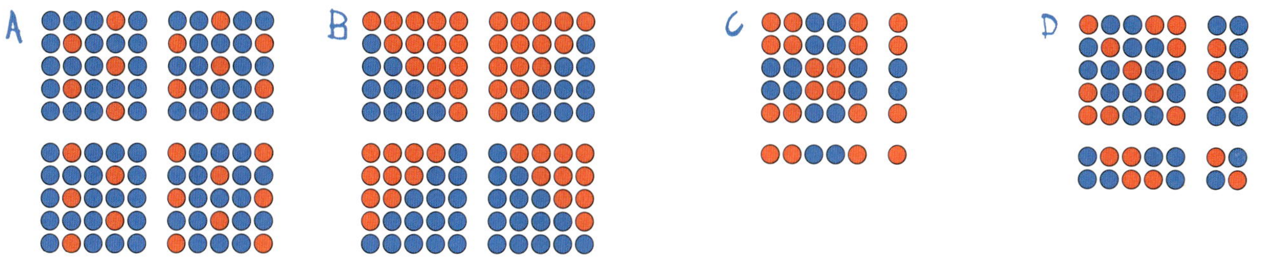

5 Zeichne auf dem «Hunderterfeld» (Kopiervorlage) andere Muster und beschreibe immer den Anteil der roten Plättchen.

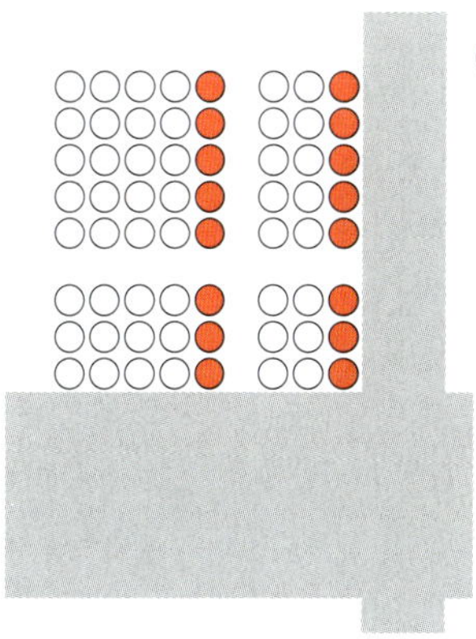

6 Erfinde selber Aufgaben.
Arbeite mit dem Blatt «Hunderterfeld» (Kopiervorlage).
Markiere ein Feld, zum Beispiel 8 · 8 Plättchen.
Färbe einige Plättchen rot.
Bestimme den Bruchteil für die roten Plättchen.
Halte deine Erfindungen in einer Tabelle fest.

Grösse des Feldes	64	75				
rote Plättchen	16	25				
Bruchteil	$\frac{1}{4}$					

7 Schreibe möglichst viele Bruchteile von 1 000 auf.
Beispiel: $\frac{1}{2}$ von 1 000 = 500

8 Plättchenwerfen mit 12, 15, 19, 24, 25 oder 36 Plättchen.
Gib den Anteil der roten und blauen Plättchen jeweils mit einem Bruch wieder.

15 Plättchen	1. Wurf		2. Wurf		3. Wurf	
	rot	blau	rot	blau	rot	blau
davon	9	6	13	2		
Bruchteil	$\frac{9}{15}$	$\frac{6}{15}$	$\frac{13}{15}$	$\frac{2}{15}$		

Bruchteile am Punktefeld bilden und beschreiben.

Bruchteile erkennen und darstellen

Blätter falten

1 Indem du die Blätter fortlaufend halbierst, kannst du sie in gleiche Teile zerlegen.

Welche Bruchteile kannst du durch Falten herstellen?

2 Falte zu Achteln. Das ist eine Möglichkeit.

Auf welche Weise kannst du sonst noch Achtel falten?

3 Falte und zerschneide Quadrate, so dass Bruchteile entstehen. Kannst du gleiche Bruchteile auf mehrere Arten darstellen?
Beispiel:

Gleiche Grösse
Teile können genau gleich gross sein, auch wenn sie verschieden aussehen. Manchmal musst du zuerst einen Teil zerschneiden und neu zusammensetzen, damit er genau auf den anderen Teil passt.

4 Kannst du auch aus einem Blatt Drittel oder Fünftel herstellen? Wie steht es mit Sechsteln, Neunteln, Zehnteln, Zwölfteln oder Siebteln?

5 Sind die beiden abgeschnittenen Teile wirklich gleich gross? Verwende Blätter mit der Grösse 24 cm x 12 cm und beweise es.

Bruchteile falten und schneiden.

Max Bill

Max Bill wurde am 22. Dezember 1908 in Winterthur geboren. Nach einer Lehre als Silberschmied studierte er am Bauhaus (Hochschule für Gestaltung) in Dessau, Deutschland. Ab 1929 war Max Bill als Architekt, Maler, Grafiker und Plastiker in Zürich tätig. Als Künstler erhielt Max Bill viele internationale Auszeichnungen und Preise. Er ist am 9. Dezember 1994 in Berlin gestorben.

Die 14. grafische Reihe, Serigrafie III

6 Max Bill spielt in seinem Bild mit Flächen und Farben.
Übertrage das Bild auf kariertes Papier. Max Bill ist vom Rechteck ausgegangen. Erkennst du, wie er das Bild aufgebaut hat? Halte deine Entdeckungen fest.

7

a. Bestimme die Anteile der einzelnen Farben im Bild und bezeichne sie mit einem Bruch.

b. Bestimme die Anteile der einzelnen Formen im Bild und bezeichne sie mit einem Bruch.

8 Stelle wie Max Bill ein Bruch-Bild her. Verfasse einen Text zu deinem Bild. Erkläre, wie du das Bild aufgebaut hast. Gib die Anteile der verschiedenen Formen und Farben mit einem Bruch wieder.

9 Stellt euch gegenseitig die Bruch-Bilder vor.

Türkis und Pink

10 Wie gross sind die beiden Teile?

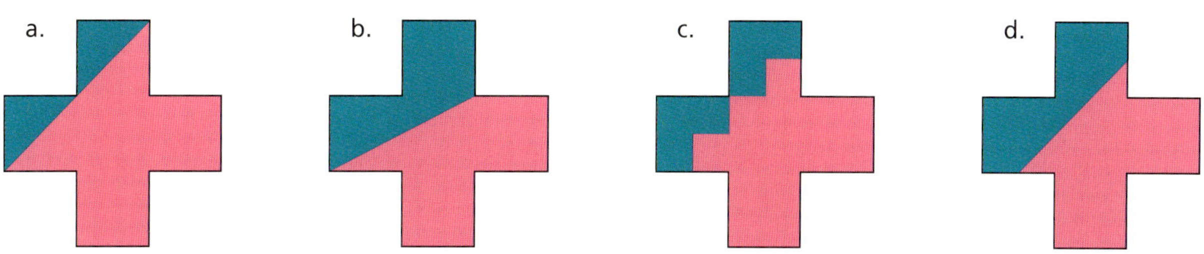

Bruchteile im Kreismodell

Erinnerst du dich noch?
In der ersten Klasse hast du im «Zahlenbuch 1» Zahlen und Rechnungen mit Wendeplättchen am Zwanzigerfeld dargestellt.

9 + 5 =

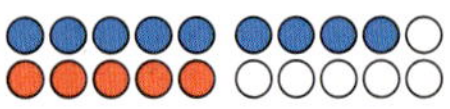

Später hast du mit dem Hunderterfeld und dem Tausenderbuch gearbeitet. Wenn du jetzt Rechnungen wie 38 + 47 oder 123 – 56 ausführst, kannst du diese sicher im Kopf lösen. Du hast innere Bilder von Zahlen und Rechnungen entwickelt. In der Zwischenzeit bist du anderen Zahlen begegnet:
$\frac{1}{2}$ $\frac{1}{3}$ $\frac{3}{4}$ $\frac{2}{3}$ $\frac{2}{5}$ $\frac{1}{10}$ $\frac{1}{100}$.
Brüche lassen sich ebenfalls bildlich darstellen.

Bruchteile mit der Zeichenuhr herstellen

Fertige mit der Zeichenuhr Modelle aus Karton an.
Folgende Bruchteile kannst du mit Hilfe der Minuteneinteilung auf der Zeichenuhr herstellen: $\frac{1}{2}$ $\frac{1}{3}$ $\frac{1}{4}$ $\frac{1}{5}$ $\frac{1}{6}$ $\frac{1}{8}$ $\frac{1}{10}$ $\frac{1}{12}$

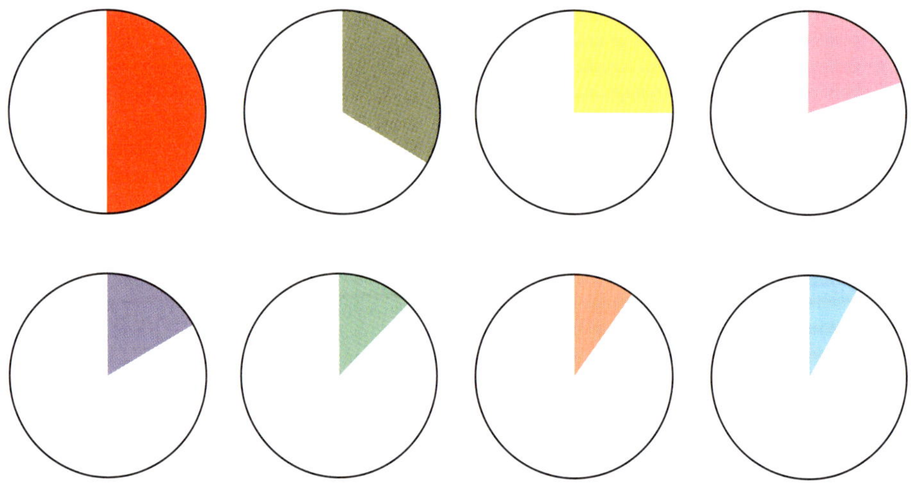

1 Wähle einen Bruchteil, zum Beispiel $\frac{1}{2}$. Nimm andere Bruchteile und setze sie zu $\frac{1}{2}$ zusammen. Findest du verschiedene Möglichkeiten? Beschreibe sie.
Wähle weitere Bruchteile und versuche, sie aus anderen Bruchteilen zusammenzusetzen.

2 Nimm zwei Bruchteile und lege damit einen neuen Bruch. Beschreibe ihn:
«Ein Zweitel und ein Viertel sind gleich gross wie drei Viertel.»

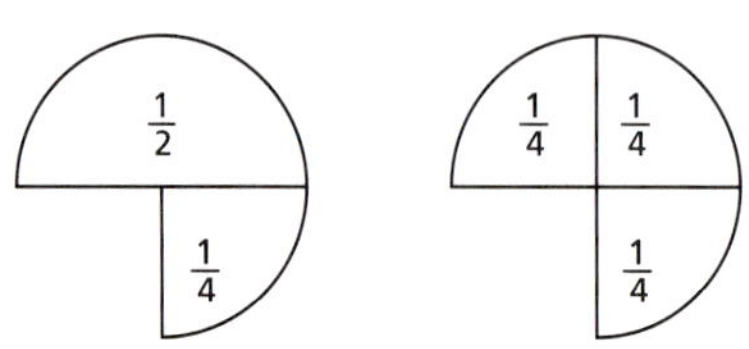

Bruchteile mit der Zeichenuhr herstellen.

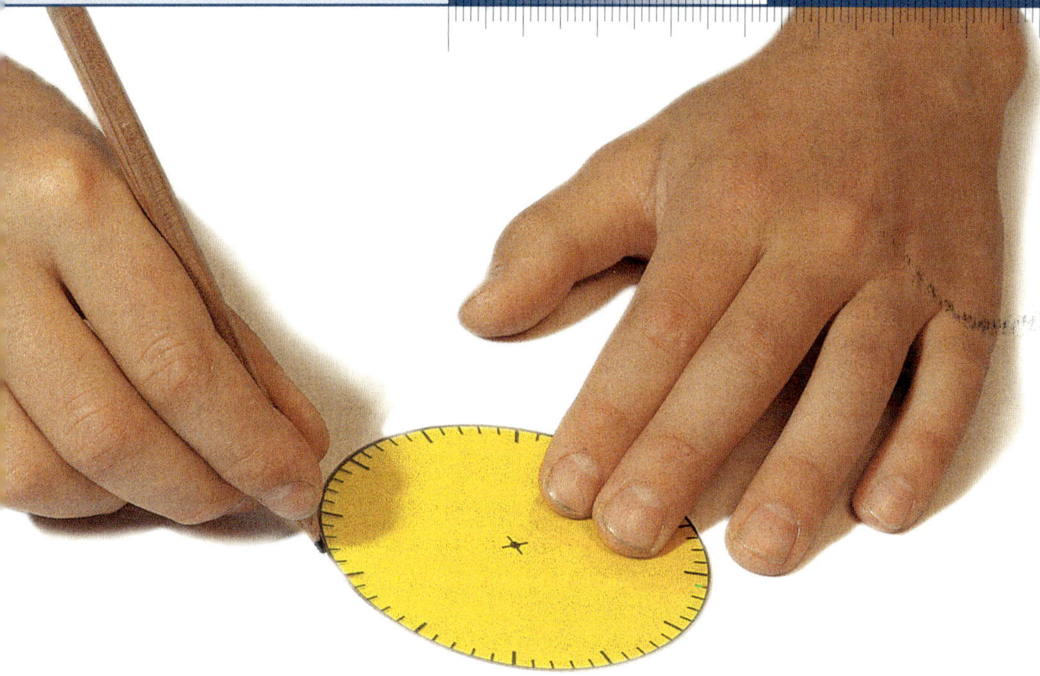

3 Füge Bruchteile zu einem Ganzen zusammen. Zeichne die Tabelle in dein Heft und notiere deine Ergebnisse.

Halbe	Drittel	Viertel	Fünftel	Sechstel	Achtel	
2						= 1 Ganzes
	3					= 1 Ganzes
1		2				= 1 Ganzes
						= 1 Ganzes

4 Lege auf verschiedene Arten 2 Ganze. Suche unterschiedliche Möglichkeiten, 3 Ganze oder 4 Ganze mit Bruchteilen zu legen. Notiere deine Ergebnisse.

5 Stelle zwei verschiedene Brüche mit deinen Bruchteilen dar.

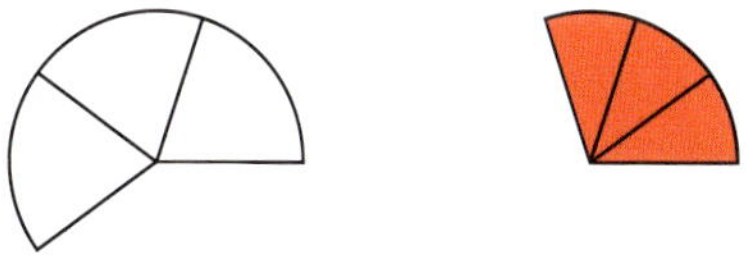

Lege den kleineren Bruchteil auf den grösseren.
Füle die Lücke mit einem oder mehreren Bruchteilen.
Beschreibe deine Beispiele.

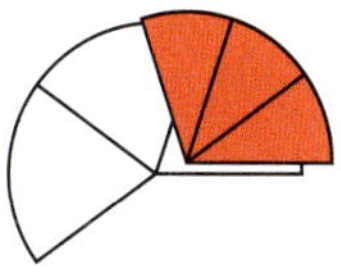

6 Lege mit deinen Bruchteilen zwei verschiedene Brüche.

a. Der Unterschied soll $\frac{1}{2}$ betragen.
b. Der Unterschied soll $\frac{3}{4}$ betragen.
c. Der Unterschied soll $\frac{2}{3}$ betragen.
Halte deine Ergebnisse schriftlich fest.

7 Bilde ein Ganzes; verwende dazu genau 6 Bruchteile. Welche Möglichkeiten findest du?

Bald ist Weihnachten

1 Zeichne mit Hilfe der Zeichenuhr ein regelmässiges Fünfeck auf Karton. Die Seitenkanten sollten mindestens 6 cm lang sein. Alle Seiten müssen exakt gleich gross sein. Schneide das Fünfeck aus. Mit dieser neuen Schablone kannst du 11 genau gleich grosse Fünfecke auf Pergamentpapier zeichnen und ausschneiden.

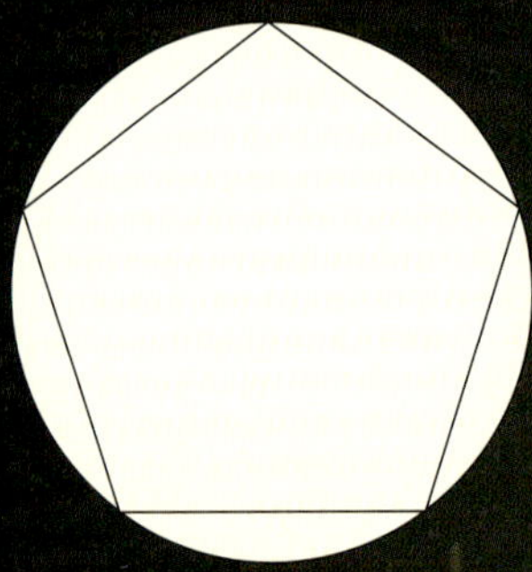

2 Bestimme die Mitten aller Seiten der Fünfecke. Falte dann entlang der gestrichelten Linien.

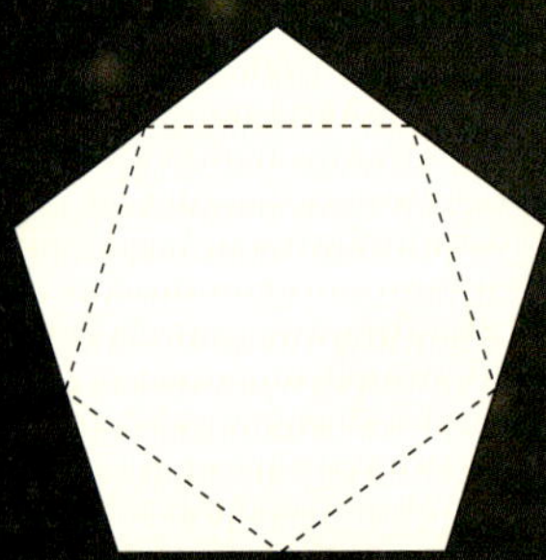

3 Klebe 2 Fünfecke so zusammen, dass 2 gestrichelte Linien genau übereinander liegen.

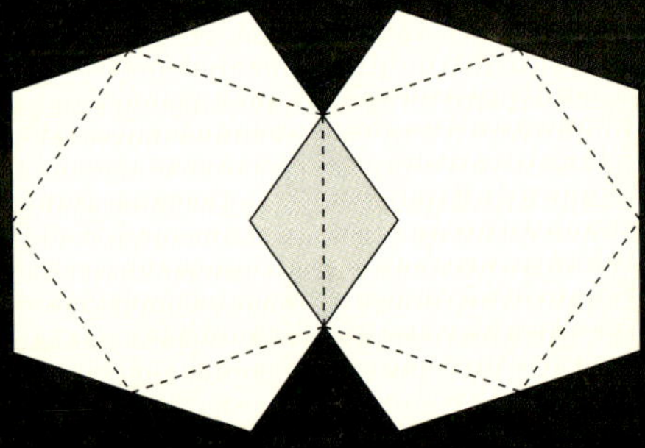

Gemeinsam ein weihnächtliches Windlicht herstellen.

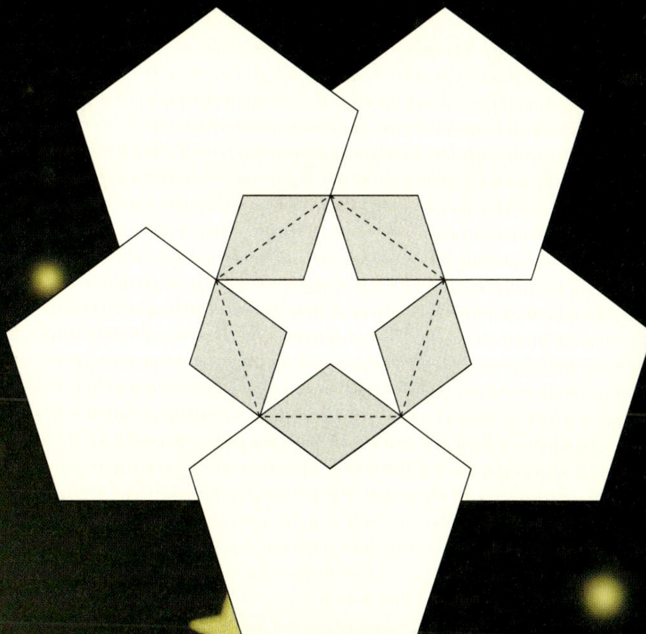

4 An ein einziges Fünfeck lassen sich somit 5 Fünfecke kleben.

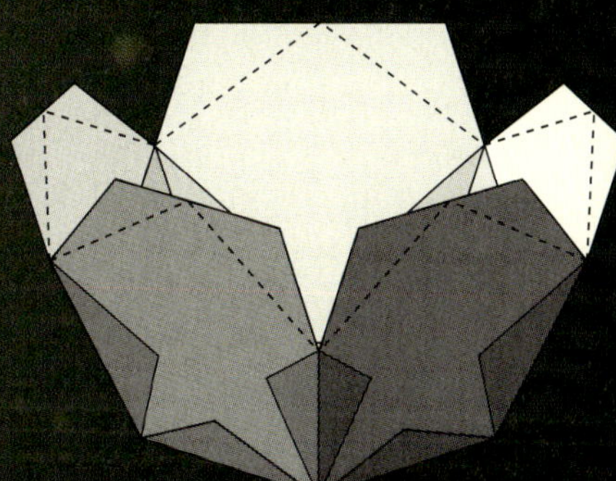

5 Die äusseren 5 Fünfecke klebst du untereinander in gleicher Weise zusammen. Das ergibt eine offene Schale.

6 Zwischen je 2 der äusseren Fünfecke kannst du in der gleichen Art ein weiteres Fünfeck kleben. Die oberen vorstehenden Spitzen klebst du an die Innenseite. Ein Windlicht ist entstanden. Wenn du eine Kerze hineinstellst, kommen die Sterne sehr schön zur Geltung.

7 Im Jahre 1994 fielen sowohl Weihnachten (25. Dezember) als auch Neujahr (1. Januar) auf einen Sonntag. In welchen Jahren werden diese beiden Festtage wieder auf einen Sonntag fallen?
Erstelle für die nächsten 50 Jahre eine Tabelle, aus der ersichtlich ist, an welchem Wochentag Weihnachten gefeiert wird.

Künstler konstruieren

Camille Graeser ist ein Schweizer Künstler. Er wurde 1892 in Carouge bei Genf geboren, und er ist 1980 in Zürich gestorben. Camille Graeser erlernte in Deutschland den Beruf eines Architekten; später arbeitete er als freier Künstler. In der zweiten Hälfte seines Lebens wohnte er in Zürich. Das Bild entstand 1957/58. Es ist ein typisches Beispiel für geometrische Kunst. Heute befindet es sich im Kunstmuseum Winterthur.

«Äquivalenz an der Horizontalen» (in Wirklichkeit achtmal grösser)

1 Schau dir das Bild an und schreib auf, was dir auffällt. Welche Formen kommen vor? Was vermutest du über die verschiedenen Längen? Was vermutest du über die Grösse einzelner Flächen?

2 Miss die einzelnen Längen im Bild. Schreib deine Beobachtungen in einer Tabelle auf.
Schreib in dieselbe Tabelle die vermuteten Längen des Originalbildes im Kunstmuseum Winterthur.

3 Der Künstler hat das Bild von innen her aufgebaut. Er hat mit dem kleinsten Quadrat und der Seitenlänge 1 cm begonnen und dann nach aussen gezeichnet. Wie gross ist das Bild in Wirklichkeit?

4 Der Künstler hätte mit seiner Idee noch weiterfahren können. Er hätte links weitere Rechtecke und rechts weitere Quadrate ansetzen können. Wie hätten sich da die Längen des Bildes weiterentwickelt?

5 Kannst du Gesetzmässigkeiten erkennen? Beschreibe sie in Worten.

Du siehst hier einige Beispiele von angefangenen Kunstwerken:

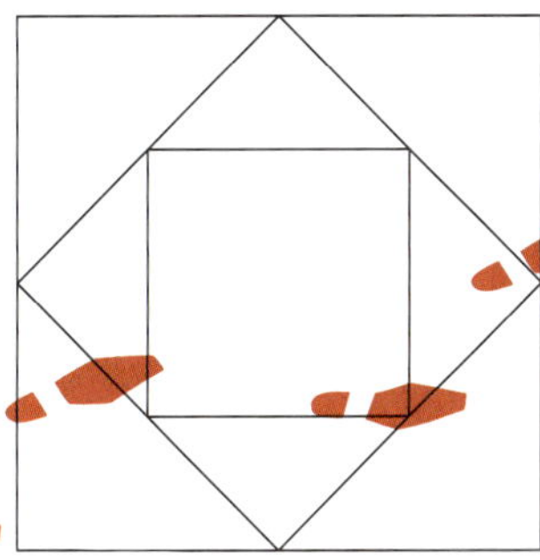

A

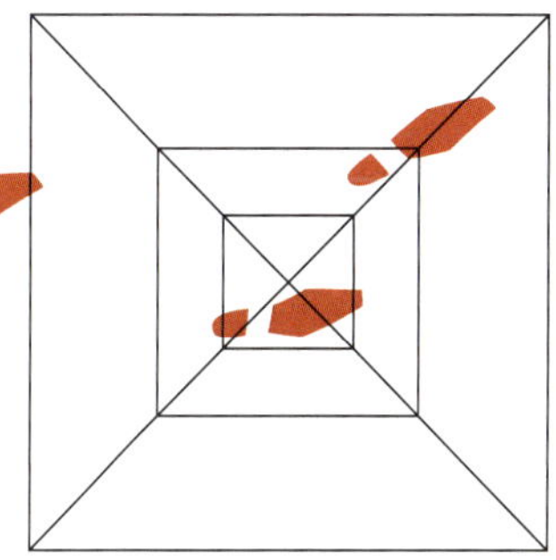

B

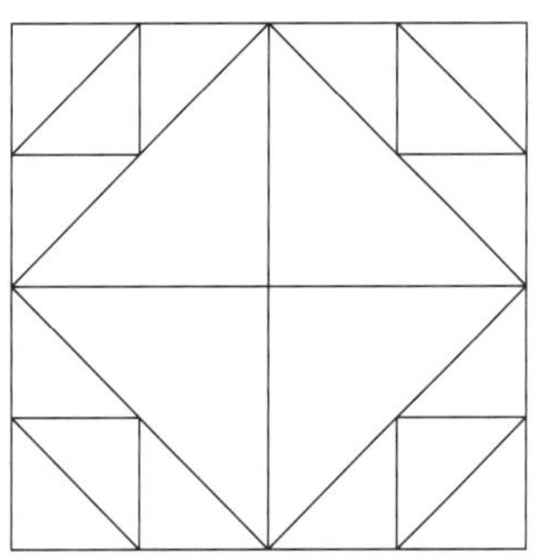

C

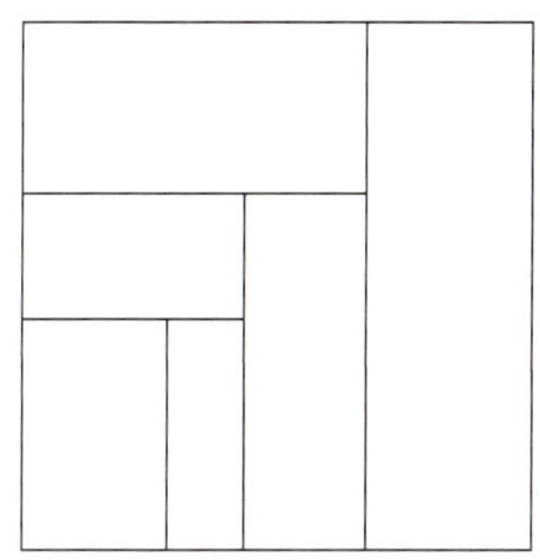

D

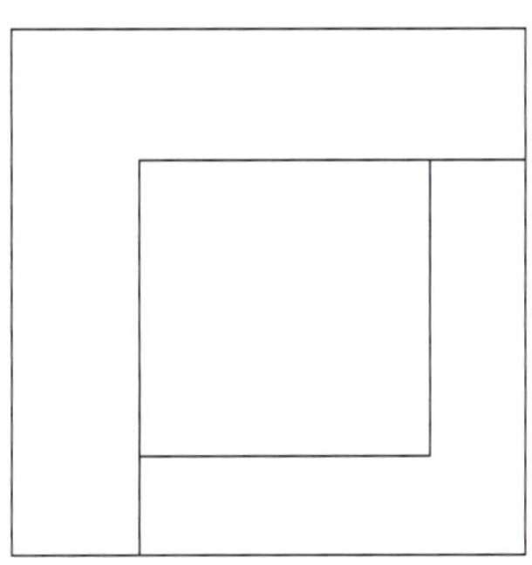

E

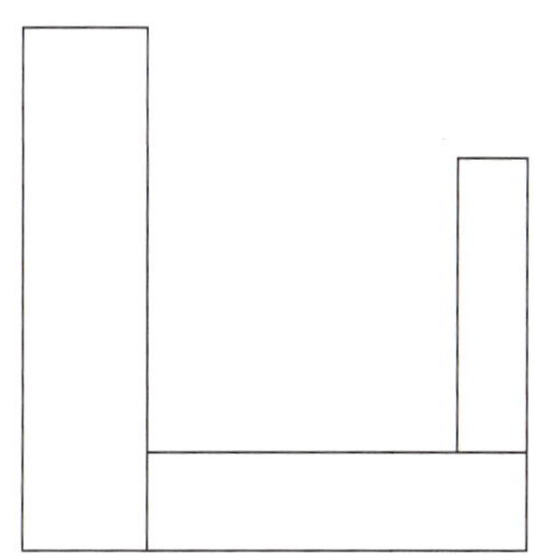

F

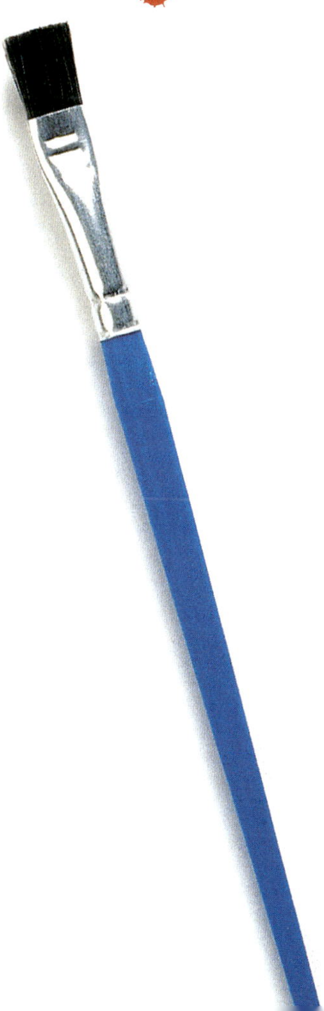

6 Du kannst die angefangenen Kunstwerke selbst zeichnen. Entscheide zuerst, wievielmal grösser die Linien in deinem Original sein sollen.

7 Du kannst deine Kunstwerke mit Farben ganz unterschiedlich ausmalen. Versuche mit drei Farben auszukommen. Wechsle die Farben nach einer von dir gewählten Gesetzmässigkeit.

8 Erfinde Kunstwerke mit eigenen Konstruktionsregeln.

Zirkel und Geodreieck

Mit Zirkel und Geodreieck kannst du viele schöne, regelmässige Muster konstruieren. Besonders gut gelingen die Muster, wenn du einen gespitzten Stift verwendest und ganz exakt arbeitest. Der Umgang mit dem Zirkel braucht etwas Übung. Manchmal glückt es nicht auf Anhieb. Dann probierst du es nochmals.

Versuche eines der folgenden Beispiele zu konstruieren. Die Muster kannst du anschliessend mit Farben frei gestalten.

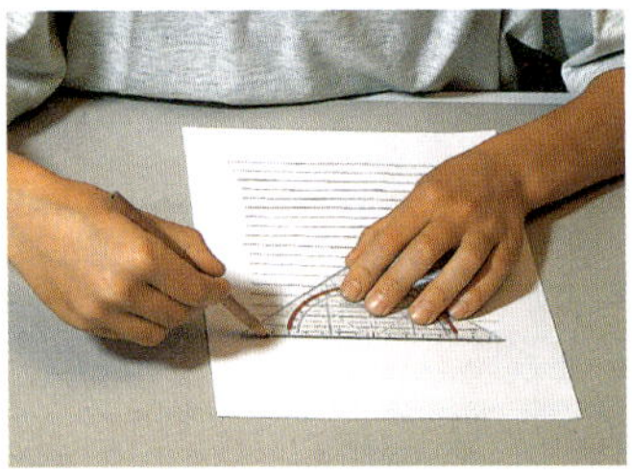

Parallelen zeichnen

Senkrechte zeichnen

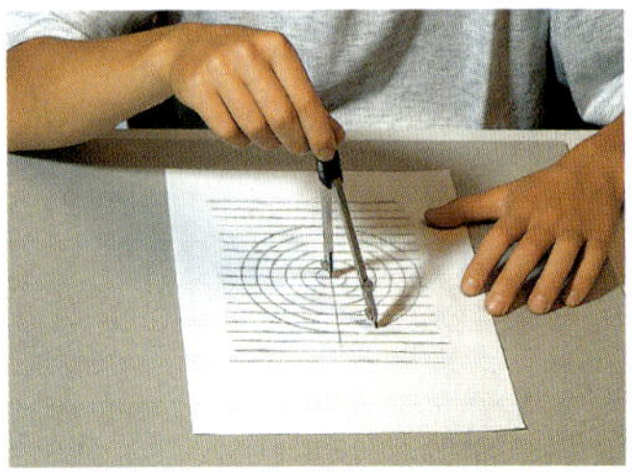

Kreis zeichnen

1 Zeichne mit dem Geodreieck Parallelen im Abstand von 1 cm. Wähle auf einer der mittleren Geraden den Punkt M als Mittelpunkt von Kreisen. Zeichne ganz fein eine Senkrechte zu den Geraden durch den Punkt M. Jetzt kannst du mit dem Zirkel Kreise um den Mittelpunkt ziehen.

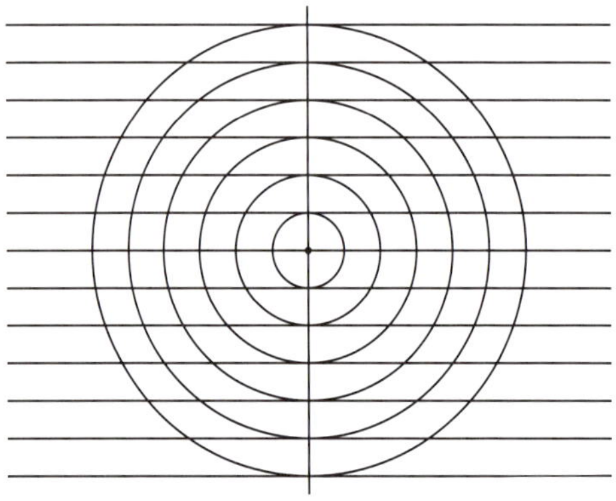

2 Zeichne zwei Punkte im Abstand von 10 cm. Zeichne um jeden Punkt Kreise. Beginne mit einem Radius von 1 cm. Der Radius des nächsten Kreises ist um 1 cm grösser, usw.

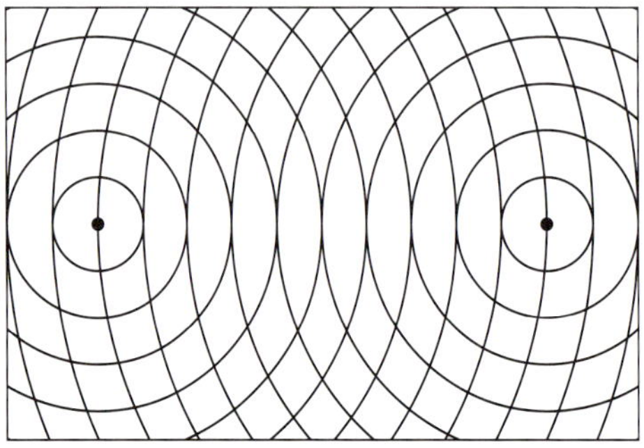

Muster mit Zirkel und Geodreieck zeichnen.

3 Zeichne zwei senkrechte Gerade. Trage auf allen 4 Seiten vom Schnittpunkt aus Punkte ein, und zwar im Abstand von 1 cm, 2 cm und 4 cm. Zeichne Kreise um diese Punkte. Sie sollen durch den Schnittpunkt gehen.

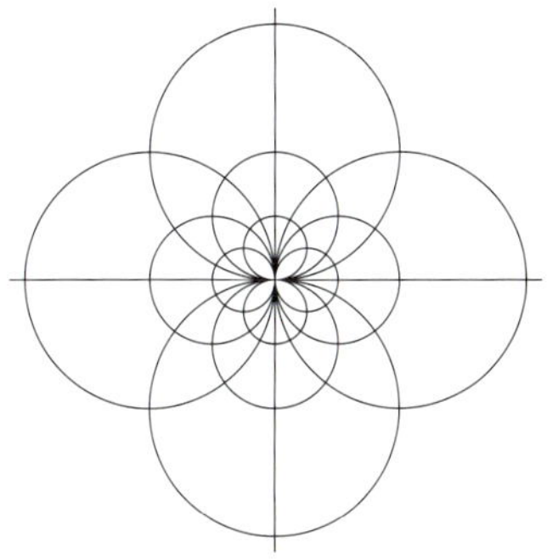

4 Zeichne einen Kreis. Markiere auf der Kreislinie mit der Zeichenuhr 12 Punkte in regelmässigen Abständen.

a. Zeichne von jedem Punkt aus einen Kreis. Der Radius ist immer gleich, jedoch kleiner als beim ursprünglichen Kreis.

b. Zeichne von jedem Punkt aus einen Kreis. Der Radius ist immer gleich gross wie beim ursprünglichen Kreis.

c. Zeichne von jedem Punkt aus einen Kreis. Der Radius ist immer gleich, jedoch grösser als beim ursprünglichen Kreis.

5 Zeichne mit dem Zirkel einen grossen Kreis. Markiere mit der Zeichenuhr in gleichmässigen Abständen 12 Punkte auf der Kreislinie. Verbinde gegenüberliegende Punkte. Nimm einen Kreispunkt und zeichne jeweils im Uhrzeigersinn eine Senkrechte auf die nächste Strecke, von dort wieder zur nächsten, usw. Die Zeichnung zeigt dir, wie.

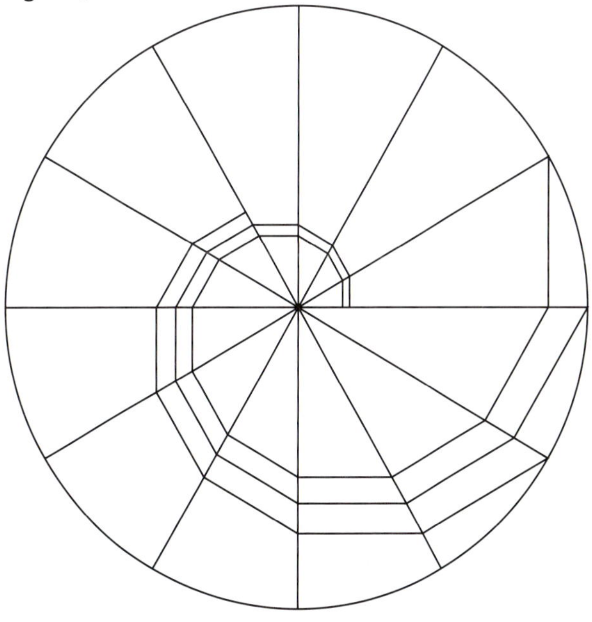

Bäume wachsen nicht in den Himmel

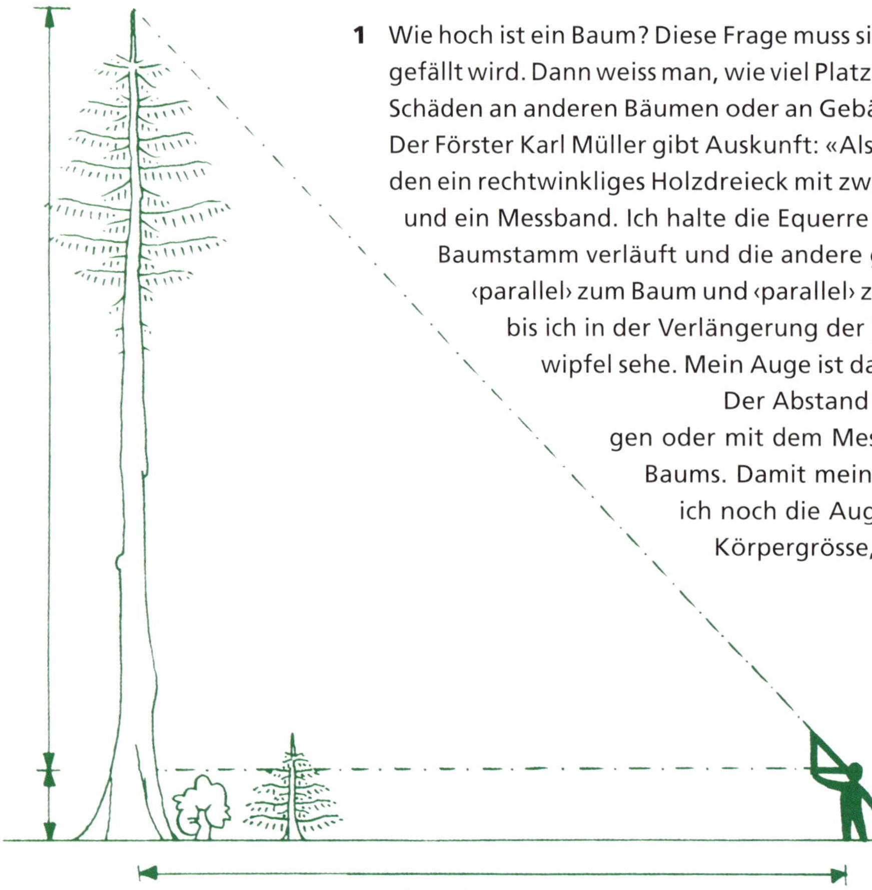

Abstand vom Baum

1 Wie hoch ist ein Baum? Diese Frage muss sich ein Förster stellen, bevor ein Baum gefällt wird. Dann weiss man, wie viel Platz er beim Hinfallen braucht. So können Schäden an anderen Bäumen oder an Gebäuden verhindert werden.
Der Förster Karl Müller gibt Auskunft: «Als Hilfsmittel dient mir auf ebenem Boden ein rechtwinkliges Holzdreieck mit zwei gleich langen Seiten (eine Equerre) und ein Messband. Ich halte die Equerre so, dass die eine Seite gleich wie der Baumstamm verläuft und die andere gleich wie der Boden (man sagt auch ‹parallel› zum Baum und ‹parallel› zum Boden). Dann gehe ich rückwärts, bis ich in der Verlängerung der langen Seite des Dreiecks den Baumwipfel sehe. Mein Auge ist dabei direkt am Eckpunkt des Dreiecks. Der Abstand vom Baum, gemessen mit Schrittlängen oder mit dem Messband, entspricht nun der Höhe des Baums. Damit meine Messung noch genauer wird, muss ich noch die Augenhöhe vom Boden aus, d. h. meine Körpergrösse, dazuzählen.»

Rundungsregel

Die Ziffer an der Stelle, wo gerundet wird, bleibt unverändert, wenn eine der Ziffern 0, 1, 2, 3, 4 folgt. Dem sagt man Abrunden – wir runden ab; z.B. Baumhöhe 32,3 m ≈ 32 m.

Die Ziffer an der Rundungsstelle wird um 1 erhöht, wenn eine der Ziffern 5, 6, 7, 8, 9 folgt. Hier spricht man von Aufrunden – wir runden auf; z.B. Baumhöhe 32,5 m ≈ 33 m.

a. Führt eine solche Messung auf dem Schulhausplatz oder in einem Wald in der Nähe durch. Alle Kinder messen jeweils denselben Baum. Die einzelnen Resultate runden wir auf einen ganzen Meter auf oder ab.

b. Alle Resultate werden der Grösse nach aufgeschrieben. Stellt in eurer Gruppe Fragen zusammen, z.B.: Welches ist der kleinste Wert, welches der grösste? Differenz? Warum gibt es Abweichungen? Tauscht eure Fragen mit anderen Gruppen aus und beantwortet sie.

2 Untersucht die Messresultate. Wie oft kommt jedes Messergebnis vor? Listet die Häufigkeit in einer Tabelle auf. Aus dieser Tabelle können wir verschiedene Informationen entnehmen. Formuliert eure Erkenntnisse.

Höhe in Meter										
Strichliste										

3 Nun wird der Durchschnitt aller Messungen berechnet.
Wie kann man die Genauigkeit der Resultate überprüfen?

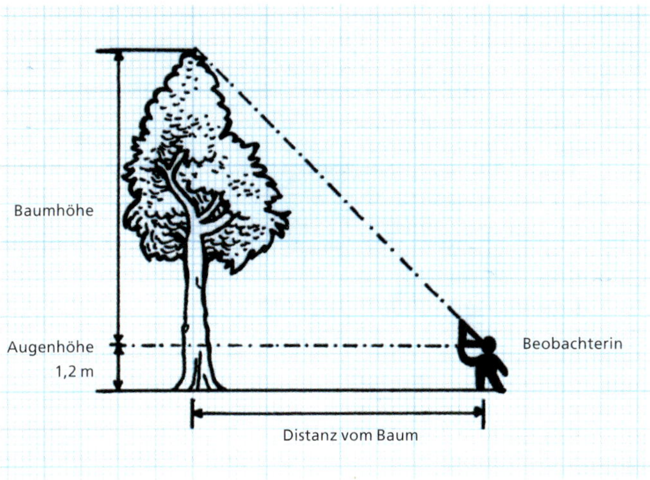

4 Zeichne deine Höhenmessung (Aufgabe 1a) wie im Bild oben auf Millimeterpapier. 1 mm auf deiner Zeichnung entsprechen 20 cm in der Natur.

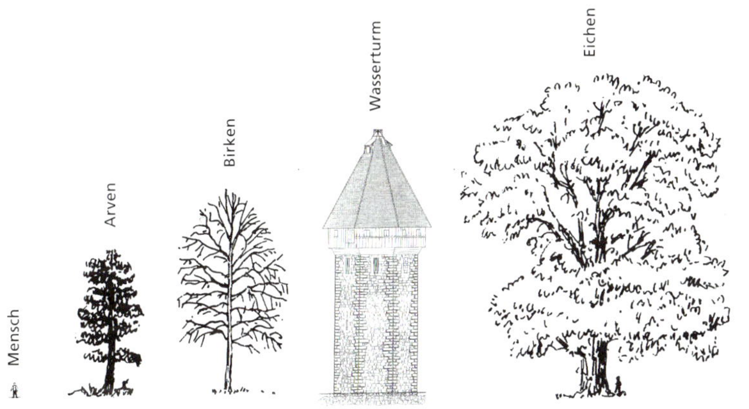

5 Auf dem Bild erkennt ihr, welche Höhe eine Baumart maximal erreicht.

a. Schreibe die Tabelle ab und fülle sie aus.

b. Wie viele Male grösser als ein Mensch sind die Bäume?

c. In welchem Massstab sind die Zeichnungen?

Objekt	**Höhe in der Zeichnung**	**Höhe in der Natur**
Mensch		
Arven		
Birken		
usw.		

Karl Müller misst den Durchmesser.

6 Eine Weisstanne von etwa 33 m Höhe weist am Boden einen Durchmesser von ca. 60 cm auf. Der Berliner Fernsehturm ist 365 m hoch und hat am Fuss einen Durchmesser von 16,5 m.

a. Vergleiche jeweils den Durchmesser und die Höhe miteinander.

b. Wie viele Male hat der Durchmesser der Weisstanne in der Höhe Platz?
Wie viele Male hat der Durchmesser des Fernsehturms in der Höhe Platz?

c. Kommentiere deine Erkenntnisse.

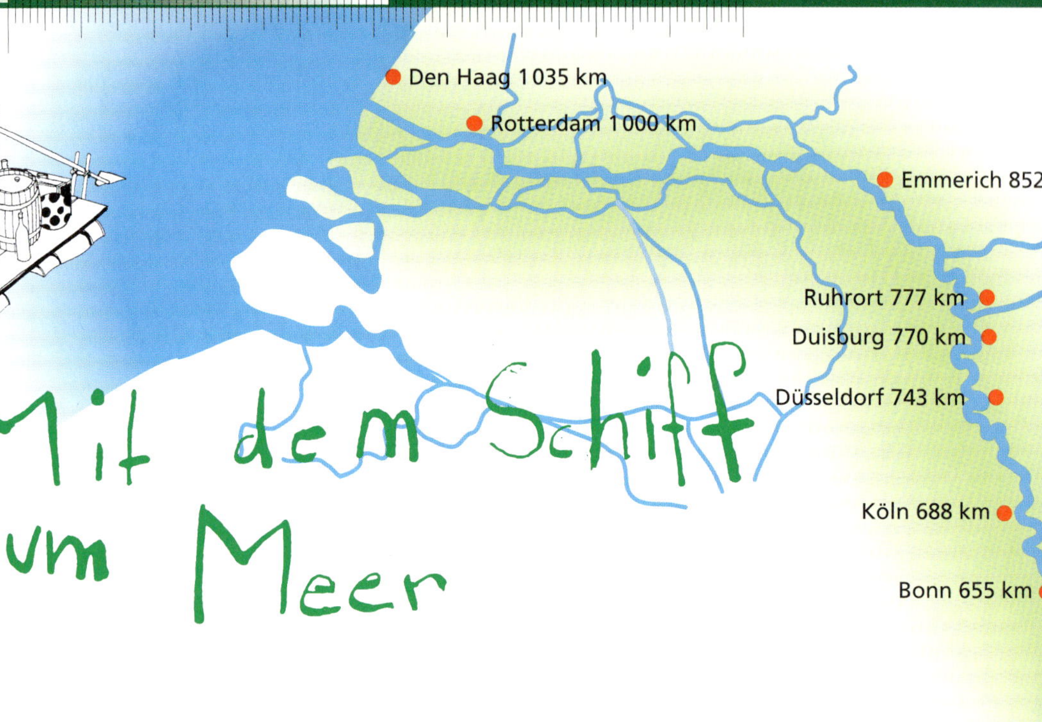

Mit dem Schiff zum Meer

Grosse Schiffe bringen aus allen Kontinenten der Erde Fracht für die Schweiz nach Rotterdam. Hier wird die Ware auf kleinere Lastschiffe umgeladen. Diese Binnenschiffe fahren den Rhein hinauf bis nach Basel. Obwohl der Transport mit dem Schiff gegenüber dem Flugzeug, der Eisenbahn und dem Lastwagen länger dauert, hat die Schifffahrt einen grossen Vorteil: Sie ist viel umweltfreundlicher, weil ein Schiff nur wenig Energie verbraucht.

1 Rotterdam ist der grösste Hafen der Welt. Hier kommen täglich etwa 820 Hochseefrachter, 140 Frachtschiffe vom Rhein, 7 000 Eisenbahnwagen und 9 000 Lastwagen an, um Waren umzuladen.

a. Wie viele Fahrzeuge sind das in einer Woche?

b. Wie viele Fahrzeuge sind das in einem Jahr, wenn während 50 Wochen gearbeitet wird?

2 Das Motorschiff (MS) Lausanne legt in Rotterdam an. An Bord hat es 200 000 Schachteln Bananen aus Mittelamerika. Eine Schachtel wiegt 12 kg und enthält durchschnittlich 75 Bananen. Damit es schneller geht, werden die Früchte nicht mit Rheinschiffen, sondern mit der Eisenbahn weiterbefördert. Ein Güterwagen kann 25 t laden. Was könntest du berechnen?

3 1996 trafen über 6 300 000 Tonnen Ware in Basel ein: Nahrungsmittel, Brennstoffe, Erze, Steine, Düngemittel, Fahrzeuge und vieles andere mehr.

a. Etwa 3 200 000 Tonnen werden mit Lastwagen weitertransportiert, 3 000 000 Tonnen mit der Eisenbahn. Ein Güterwagen fasst 25 t und ist 11 m lang; ein Lastwagen mit Anhänger misst 18 m und kann 16 t Waren transportieren. Berechne die Länge des Güterzugs und der Lastwagenkolonne, wenn alles auf einmal verladen würde.

b. Von Rotterdam bis Basel legen die Schiffe 830 km zurück. Die Dauer der Fahrt ist vom Wasserstand abhängig. Sie beträgt durchschnittlich 100 Stunden. Wie viele Tage sind das? Wie weit kommen die Schiffe pro Stunde?

4 Die Maschinenfabrik Sulzer in Winterthur verkauft Maschinenteile nach Brasilien. Je 12 Teile werden in eine Kiste verpackt und zum Containerhafen in Basel gefahren. In einem Container haben 20 Kisten Platz. Das Güterschiff Alpina und das Schubboot Vela stehen bereit. Sie werden zusammengekoppelt und können 284 Container aufnehmen. Die Fracht ist für Rotterdam bestimmt, wo die Container auf ein Meerschiff umgeladen werden.

a. Stelle die Situation bildlich dar.

b. Wie viele Maschinenteile haben in einem Container Platz?

c. Reicht es, 5 Container zu reservieren, wenn 1 300 Teile verschifft werden sollen?

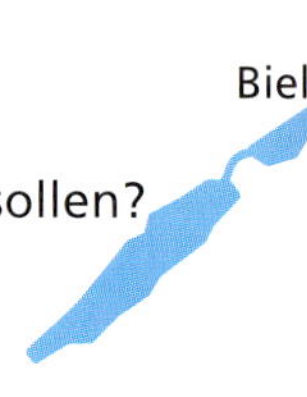

5 Studiere die Tabelle und stelle Fragen für die Klasse zusammen.

Schiffstyp	Name	Baujahr	Länge	Breite	Tiefgang	Motoren	Besatzung	Passagiere
Ausflugsschiff	Lällekönig	1980	49,8 m	8,6 m	1,45 m	680 PS	3	600
Kabinenschiff	Swiss Crystal	1995	101,3 m	11,4 m	1,3 m	1 500 PS	26	125
Kreuzfahrtenschiff	Berlin	1980	139,3 m	17,5 m	4,8 m	9 600 PS	212	470

MS Lällekönig heisst eines von vier Ausflugsschiffen auf dem Basler Rhein; es verkehrt bis Rheinfelden.

An Bord des Hotelschiffes Swiss Crystal kann man übernachten. 25 Hotelschiffe verkehren unter Schweizer Flagge zwischen Basel und Rotterdam und auf anderen Wasserstrassen.

Auf der «Berlin» machen die Passagiere auf den Weltmeeren Kreuzfahrten.

6 Der Rhein ist flussabwärts, von Konstanz bis Rotterdam, kilometriert; die Zahlen in der Zeichnung geben dir Auskunft. Die Zählung beginnt in Konstanz am Bodensee mit dem Kilometer 0. Köln zum Beispiel liegt 688 km von Konstanz entfernt. Die Kilometerzahlen sind auf Tafeln am Ufer vermerkt. Trage auf dem Blatt «Distanztabelle» (Kopiervorlage) die fehlenden Zahlen ein.

7 Adolf Gautschi ist einer von vier Schleusenwärtern in Birsfelden: «Wenn vier, fünf Schiffe aufs Mal kommen, muss ich die Schleusen einteilen. Bei einer Schleuse überwinden die Schiffe einen Höhenunterschied von zirka zehn Metern. Die alte Schleuse ist 180, die neue 190 Meter lang, beide sind 12 Meter breit. Wichtig ist deshalb vor allem die Länge eines Schiffes. Sie darf maximal 110, die Breite 11,4 Meter betragen.» Was denkst du dir bei seiner Aussage?

Sprache und Mathematik verknüpfen.

Staffellauf

Tell-Stafette Bürglen

1 Die Tell-Stafette gilt als schönster Stafettenwettkampf in der Schweiz. Der Lauf ist in 10 Etappen und verschiedene Sportarten gegliedert. Seit 1943 findet der Wettkampf alle drei Jahre im Mai statt. Über 200 Gruppen machen mit.

	Roleto Schindellegi	Amicale des coureurs Fribourg	Skizunft Brend
Startläufer	18:07	17:57	18:11
Velofahrer	23:49	25:49	25:18
Crossläufer	17:16	15:25	17:12
Bergläufer	18:02	18:26	19:26
Skilangläufer	27:45	29:44	27:15
Skiabfahrer	02:11	02:09	02:01
Talläufer	07:13	07:11	09:45
Crossläufer	11:22	10:23	11:56
Velofahrer	10:46	11:37	10:43
Zielläufer	13:16	13:52	14:04

a. In welchem Jahr fand die letzte Tell-Stafette statt?

b. Der Tabelle entnehmen wir die Resultate der drei Mannschaften Roleto-Team Schindellegi, Amicale des coureurs Fribourg und Skizunft Brend aus Deutschland. Welches war die Gesamtzeit jeder Mannschaft?

c. Sind alle Personen in diesem Rennen gleich wichtig? Gibt es Abschnitte, die entscheidend sind? Warum gewann die Mannschaft aus Schindellegi, obwohl sie nur gerade in drei Abschnitten die schnellste war?

d. Verstehst du das Streckenprofil? Entnimm dem Streckenprofil einige Angaben und schreibe einen Kurzbericht über den Verlauf der schweizerischen Tell-Stafette.

Streckenprofil

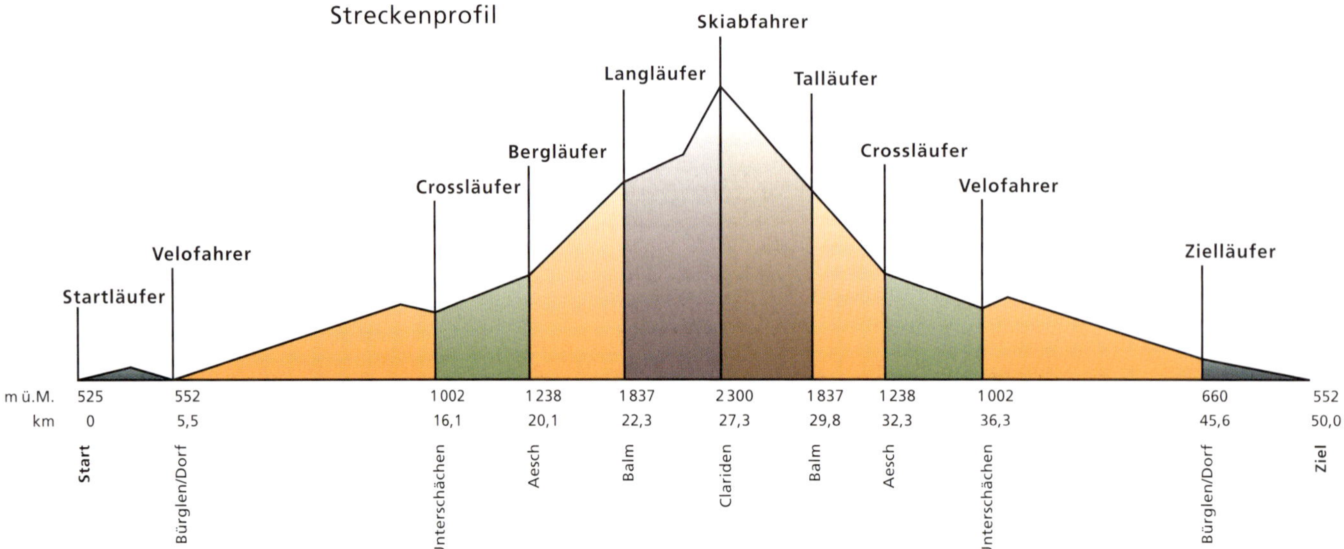

Zeiten berechnen und Streckenprofil lesen.

Kurs I: Mittelstreckler

1. Läufer, Start – A	210 m
2. Läufer, A – C	310 m
3. Läufer, C – C via A und B	560 m
4. Läufer, C – A	250 m
5. Läufer, A – B via C und A	720 m
6. Läufer, B – Ziel	210 m

Kurs II: Sprinter

1. Läufer, Start – B	370 m
2. Läufer, B – C	150 m
3. Läufer, C – A	250 m
4. Läufer, A – C	310 m
5. Läufer, C – B	410 m
6. Läufer, B – Ziel	210 m

Kurs III: Jugend

1. Läufer, Start – A	210 m
2. Läufer, A – C	310 m
3. Läufer, C – A	250 m
4. Läufer, A – B	160 m
5. Läufer, B – Ziel	210 m

Kurs IV: Schüler

1. Läufer, Start – A	210 m
2. Läufer, A – B	160 m
3. Läufer, B – C	150 m
4. Läufer, C – D	220 m
5. Läufer, D – Ziel	150 m

Nationales Quer durch Zug

2 Seit 1938 treffen sich an einem Frühlingssamstag Laufsportbegeisterte zum nationalen Quer durch Zug. 300 Wettkampfgruppen, die aus 5 oder 6 Läuferinnen oder Läufern bestehen, wollen auf einem Rundkurs in der Zuger Altstadt die Schnellsten sein.

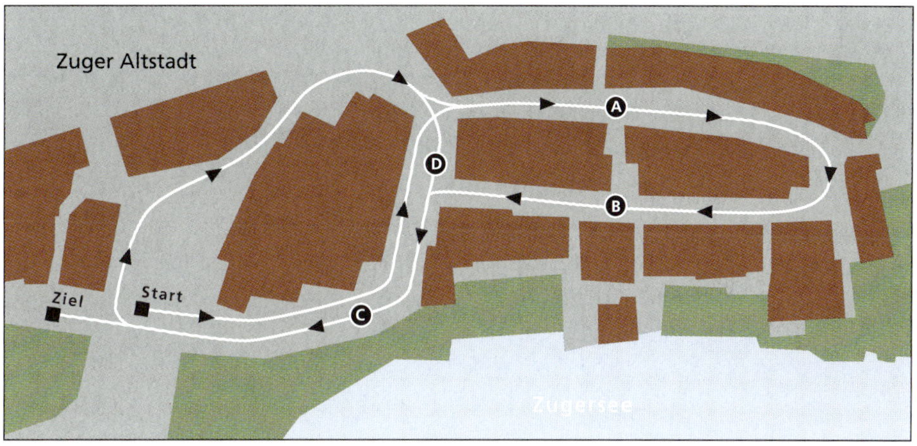

a. Zeichne in dein Heft für jede der vier Kategorien (Laufkurse I–IV) auf, wer welche Teilstrecken zurücklegt. Benütze dabei fünf oder sechs Farben, also für jeden Läufer und jede Läuferin innerhalb einer Kategorie eine andere.

b. Die Wettkämpferinnen und Wettkämpfer möchten wissen, wie lang die Gesamtstrecken in den einzelnen Kategorien sind.

c. Finde heraus, wie viele Meter zwischen jedem Übergabeposten liegen:
Start – A, A – B, B – C, C – A, C – Ziel, C – D, D – C.

Staffel-Weltrekorde

Stand 1998	Damen			Herren		
100 m	Florence Griffith † USA	Olymp. Seoul 1988	10,49 s	Leroy Burrell USA	Lausanne 1994	9,85 s
4-mal-100 m-Staffel	DDR	Canberra 1985	41,37 s	USA	Olymp. Barcelona 1992	37,40 s
400 m	Marita Koch DDR	Canberra 1985	47,60 s	Butch Reynolds USA	Zürich 1988	43,29 s
4-mal-400 m-Staffel	Sowjetunion	Olymp. Seoul 1988	3:15,17 min	USA	New York 1998	2:54,20 min

3 Aus der Tabelle sind die schnellsten Staffeln und die schnellsten Sprinter der Welt ersichtlich.

a. Wie viele Sekunden benötigen die Läufer und Läuferinnen der beiden Staffeln im Schnitt für 100 m bzw. für 400 m?

b. Vergleiche die Ergebnisse mit den Zeiten in den Einzelwettkämpfen. Kannst du die Abweichungen erklären?

c. Stellt andere Aufgaben zusammen und löst sie.

Strecken und Zeiten berechnen.

Kriminalpolizei

Wieder Unfall mit Fahrerflucht
Wilen. Gestern Nachmittag, kurz vor 16 Uhr, wurde an der Gartenstrasse auf der Höhe des Waldwegs eine Velofahrerin von einem Auto angefahren. Der Autofahrer fuhr weiter, ohne sich um die Verletzte zu kümmern. Das Opfer wurde ins Regionalspital überführt. Die Polizei sucht dringend Zeugen des Unfalls.

Hast du schon mal einen Unfall beobachtet? Kannst du dir vorstellen, wie die Polizei einem Flüchtigen auf die Spur kommen könnte?

Edith und Pascal waren einmal Zeugen eines Unfalls. Sie haben erlebt, wie die Polizei verschiedene Informationen wie Mosaiksteinchen zu einem Gesamtbild zusammenfügte. Jeder noch so kleine Hinweis, etwas Mathematik und manchmal auch ein wenig Glück können zur Lösung des Falles beitragen.

1 Edith erinnert sich an die Farbe des Autos: es war rot. Natürlich gibt es sehr viele rote Autos. Aber immerhin muss die Polizei nur rote, nicht alle Autos überprüfen. Schätze, wie viele von 100 Autos rot sind. Du kannst deine Vermutung mit einer Verkehrszählung in deiner Gegend überprüfen. Bereite eine Tabelle vor und führe eine Strichliste über die Farben der nächsten 100 Autos, die du siehst.

rot	blau	grün	schwarz	weiss	grau	andere
卌 ||	||	||||	卌 卌 卌 |	||	|||	卌 |||| 卌

2 Pascal hat ein gutes Zahlengedächtnis. Leider konnte er sich die Autonummer nicht merken. Aber er ist sicher, dass sie 5-stellig war und dass nur die Ziffern 1 und 2 vorkamen. Er kann beim besten Willen nicht sagen, ob die Nummer 11 221 oder 21 221 oder anders lautete.
Pascal schreibt je 5 Kärtchen mit den Ziffern 1 und 2. Er legt mit den Kärtchen alle möglichen 5-stelligen Zahlen und schreibt sie auf. Dann übergibt er seine Liste der Polizei: Wie viele Autos muss die Polizei mit diesem Hinweis noch überprüfen?

3 Mit den Hinweisen von Edith und Pascal kann die Polizei ihre Suche nach dem Auto stark einschränken. Kannst du dir vorstellen, wie viele Autos jetzt noch etwa in Frage kommen?
Die Polizei ist von Ediths und Pascals Beobachtungsgabe beeindruckt. Da fällt Edith ein, dass das Auto genau so aussah wie das Auto ihres Onkels. Das ist ein VW-Bus. Jetzt ist der Fall gelöst!

Autonummern

4 Annatina kann sich an Teile einer Autonummer erinnern. Ihr ist aufgefallen, dass die ZG-Nummer von vorn und von hinten gelesen genau gleich war. Sie weiss aber nicht mehr, wie viele Ziffern die Nummer hatte, 4 oder 5 oder gar 6?

ZG 8558 oder ZG 23532 oder ZG 191191 oder ???

Annatina versucht, alle möglichen Nummern aufzuschreiben. Aber sie gibt bald auf, es sind zu viele. Annatina findet jedoch heraus, wie viele Nummern es sind. Sie überlegt: Bei den vierstelligen Zahlen kommen als Tausenderziffer die Zahlen 1 bis 9 in Frage. Das sind 9 Möglichkeiten. Als Hunderterziffer, ah ja …

a. Wie viele solche 4-stellige Nummern gibt es?
b. Wie viele solche 5-stellige Nummern gibt es?
c. Wie viele solche 6-stellige Nummern gibt es?
d. Wie viele gibt es insgesamt?

5 Wie viele 4-stellige Autonummern gibt es jeweils in einem Kanton …
a. … nur mit den Ziffern 1 und 2 (beide Ziffern kommen vor)?
b. … nur mit den Ziffern 1, 2, 3 und 4 (alle 4 Ziffern kommen vor)?
c. … nur mit ungeraden Ziffern (die 4 Ziffern der Autonummer sind verschieden)?

6 Wie viele 5-stellige Autonummern gibt es jeweils in einem Kanton …
a. … nur mit den Ziffern 0, 2, 4, 6 und 8 (jede Ziffer kommt genau einmal vor)?
b. … mit 5 verschiedenen Ziffern?

Zahlenschloss

7 Du hast den 6-stelligen Zahlencode deines Veloschlosses vergessen. Du weisst nur noch, dass die Nummer mit einer 1 beginnt, mit einer 0 aufhört und dazwischen irgendwo dreimal die Ziffer 3 vorkommt. Welche Zahlen kommen für das Schloss in Frage? Erfinde weitere solche Probleme und gib sie andern zu lösen.

Telefonnummern

8
a. Von einer 7-stelligen Telefonnummer weisst du noch, dass sie mit 251 beginnt und anschliessend nur noch die Ziffern 5 und 7 vorkommen. Wie viele solcher Nummern gibt es?
b. Von einer 7-stelligen Nummer weisst du noch, dass sie aus 3 verschiedenen Zahlen der Elferreihe besteht und mit einer 1 beginnt. Die erste Zahl der Telefonnummer wird als dreistellige Zahl gelesen, die beiden anderen als zweistellige Zahlen. Wie viele solcher Telefonnummern gibt es?
c. Erfinde weitere solche Probleme und gib sie anderen zu lösen.

Bruchteile von Grössen 1

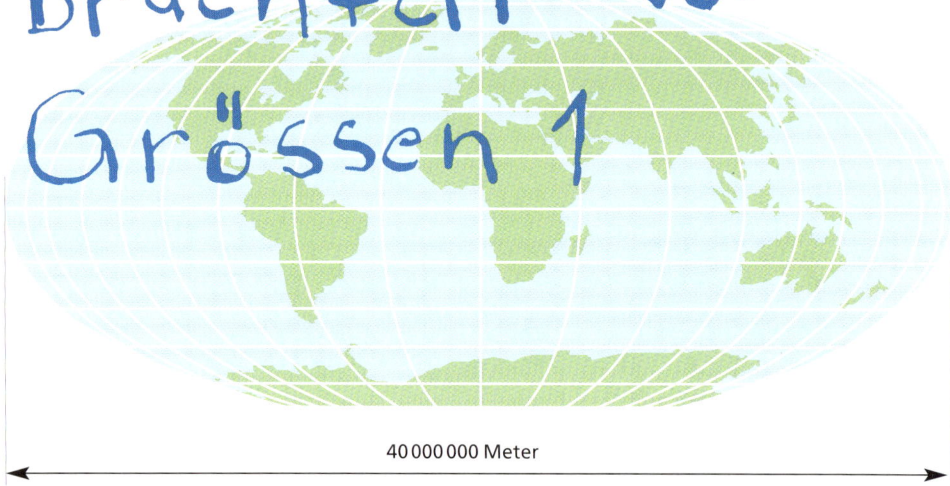

Vor rund 200 Jahren wurde der Meter als der 40 000 000. Teil des Erdumfanges festgelegt. Um auch kleinere Längen messen zu können, hat man den Meter weiter unterteilt.

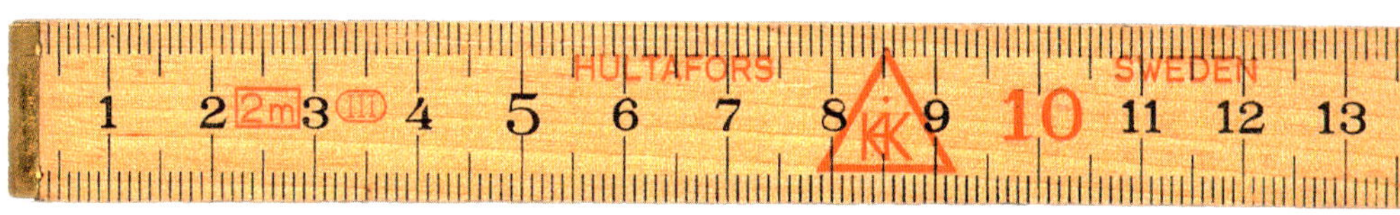

1 m = 10 dm
1 m = 100 cm
1 m = 1 000 mm

1 dm = $\frac{1}{10}$ m = 0,1 m
1 cm = $\frac{1}{100}$ m = 0,01 m
1 mm = $\frac{1}{1000}$ m = 0,001 m

Längenmasse

1 Schreibe ohne Brüche.

a.	b.	c.	d.
$\frac{1}{4}$ m =	$\frac{1}{50}$ m =	$\frac{2}{4}$ m =	$\frac{2}{10}$ m =
$\frac{1}{5}$ m =	$\frac{1}{100}$ m =	$\frac{3}{4}$ m =	$\frac{4}{10}$ m =
$\frac{1}{10}$ m =	$\frac{1}{200}$ m =	$\frac{2}{5}$ m =	$\frac{6}{10}$ m =
$\frac{1}{20}$ m =	$\frac{1}{500}$ m =	$\frac{3}{5}$ m =	$\frac{8}{10}$ m =
$\frac{1}{25}$ m =	$\frac{1}{1000}$ m =	$\frac{4}{5}$ m =	$\frac{10}{10}$ m =

e.	f.	g.
$\frac{5}{20}$ m =	$\frac{10}{25}$ m =	$\frac{10}{50}$ m =
$\frac{10}{20}$ m =	$\frac{11}{25}$ m =	$\frac{10}{100}$ m =
$\frac{15}{20}$ m =	$\frac{12}{25}$ m =	$\frac{20}{50}$ m =
$\frac{20}{20}$ m =	$\frac{13}{25}$ m =	$\frac{20}{100}$ m =
$\frac{25}{20}$ m =	$\frac{14}{25}$ m =	$\frac{30}{50}$ m =
$\frac{30}{20}$ m =	$\frac{15}{25}$ m =	$\frac{30}{100}$ m =

Karin $\frac{1}{2}$ *m = 5 dm*
Remo $\frac{1}{2}$ *m = 50 cm*
Sonja $\frac{1}{2}$ *m = 500 mm*
Marcel $\frac{1}{2}$ *m = 0,5 m*
Isabelle $\frac{1}{2}$ *m = 0,50 m*

2 Stelle auf möglichst viele verschiedene Arten dar.

a.	b.	c.
10 cm	500 m	0,5 m
$\frac{1}{4}$ m	50 m	0,05 m
0,6 m	5 m	0,005 m
125 mm		

20 cm = 0,20 m
= 200 mm
= $\frac{1}{5}$ *m*
= $\frac{2}{10}$ *m*
= 2 dm
= …

3 Wie lang sind diese Teile?

a.	b.
$\frac{1}{3}$ m =	$\frac{2}{6}$ m =
$\frac{1}{6}$ m =	$\frac{3}{6}$ m =
$\frac{1}{8}$ m =	$\frac{4}{6}$ m =
$\frac{1}{9}$ m =	$\frac{5}{6}$ m =

Bruchteile von Längen bestimmen.

1 kg = 1 000 g
1 g = 1 000 mg
1 g = $\frac{1}{1000}$ kg = 0,001 kg
1 mg = $\frac{1}{1000}$ g = 0,001 g

Gewichte

4 Schreibe ohne Brüche.

a. $\frac{1}{2}$ kg =
$\frac{1}{4}$ kg =
$\frac{1}{5}$ kg =
$\frac{1}{8}$ kg =

b. $\frac{1}{10}$ kg =
$\frac{1}{100}$ kg =
$\frac{1}{1000}$ kg =
$\frac{1}{25}$ kg =

c. $\frac{2}{4}$ kg =
$\frac{3}{4}$ kg =
$\frac{5}{4}$ kg =
$\frac{2}{5}$ kg =
$\frac{3}{5}$ kg =
$\frac{4}{5}$ kg =
$\frac{5}{5}$ kg =

d. $\frac{2}{8}$ kg =
$\frac{3}{8}$ kg =
$\frac{4}{8}$ kg =
$\frac{5}{8}$ kg =
$\frac{6}{8}$ kg =
$\frac{7}{8}$ kg =
$\frac{8}{8}$ kg =

e. $\frac{3}{10}$ kg =
$\frac{3}{100}$ kg =
$\frac{5}{10}$ kg =
$\frac{5}{100}$ kg =
$\frac{7}{10}$ kg =
$\frac{7}{100}$ kg =
$\frac{9}{10}$ kg =

5 Stelle auf möglichst viele verschiedene Arten dar.

a. 2 g
20 g
200 g

b. $\frac{1}{8}$ kg
0,6 kg
400 g

6 Wie schwer sind diese Teile?

$\frac{1}{3}$ kg =
$\frac{1}{6}$ kg =
$\frac{1}{9}$ kg =

1 l = 10 dl
1 l = 100 cl
1 l = 1 000 ml
1 dl = $\frac{1}{10}$ l = 0,1 l
1 cl = $\frac{1}{100}$ l = 0,01 l
1 ml = $\frac{1}{1000}$ l = 0,001 l

Hohlmasse (Rauminhalte)

7 Schreibe ohne Brüche.

a. $\frac{1}{2}$ l =
$\frac{1}{4}$ l =
$\frac{1}{5}$ l =

b. $\frac{1}{10}$ l =
$\frac{1}{100}$ l =
$\frac{1}{1000}$ l =

c. $\frac{2}{4}$ l =
$\frac{3}{4}$ l =
$\frac{2}{5}$ l =
$\frac{3}{5}$ l =
$\frac{4}{5}$ l =

d. $\frac{10}{10}$ l =
$\frac{8}{10}$ l =
$\frac{6}{10}$ l =
$\frac{4}{10}$ l =
$\frac{2}{10}$ l =

8 Stelle auf möglichst viele verschiedene Arten dar.

a. 2 dl
0,3 l
$\frac{1}{4}$ l

b. 8 ml
8 cl
8 dl

9 Welchen Rauminhalt stellen diese Bruchteile dar?

$\frac{1}{3}$ l = $\frac{1}{6}$ l = $\frac{1}{9}$ l =

Bruchteile von Grössen 2

1 km = 1 000 m
1 m = $\frac{1}{1000}$ km = 0,001 km

Längenmasse

1 Welche der 24 Längen sind gleich? Ordne sie der Grösse nach.

$\frac{1}{5}$ m	0,4 m	5 cm	25 cm	$\frac{1}{10}$ m	15 cm
35 cm	$\frac{3}{10}$ m	0,1 m	30 cm	0,15 m	0,35 m
10 cm	0,2 m	$\frac{35}{100}$ m	$\frac{1}{20}$ m	20 cm	$\frac{1}{4}$ m
0,3 m	0,25 m	$\frac{2}{5}$ m	$\frac{15}{100}$ m	0,05 m	4 dm

2 Bruchteile eines Kilometers. Setze die Liste mit eigenen Beispielen fort.

1 km = 1 000 m
$\frac{1}{2}$ km = 500 m
$\frac{1}{4}$ km =
$\frac{1}{5}$ km =

Beispiel:

400 m = 0,4 km
= 0,400 km
= $\frac{4}{10}$ km
= $\frac{2}{5}$ km
= 4 000 dm
= 40 000 cm

3 Gib mit Brüchen an.

a. 100 m 10 m 1 m 0,1 m 0,01 m 0,001 m
b. 250 m 25 m 2,5 m 0,25 m 0,025 m

4 Stelle auf verschiedene Arten dar.

a. 100 m 10 m 1 m 0,1 m 0,01 m 0,001m
b. 750 m 75 m 7,5 m 0,75 m 0,075 m

5 Wie lang ist die ganze Strecke? Gib das Ergebnis auf verschiedene Arten an.

a. $\frac{1}{2}$ km + $\frac{1}{4}$ km =
$\frac{1}{2}$ m + $\frac{1}{4}$ m =
$\frac{1}{2}$ dm + $\frac{1}{4}$ dm =
$\frac{1}{2}$ cm + $\frac{1}{4}$ cm =

b. $\frac{1}{2}$ m + $\frac{1}{5}$ m + $\frac{1}{10}$ m =
$\frac{1}{4}$ m + $\frac{2}{4}$ m + $\frac{3}{4}$ m =
$\frac{2}{10}$ m + $\frac{4}{10}$ m + $\frac{6}{10}$ m =
$\frac{1}{10}$ m + $\frac{1}{20}$ m + $\frac{1}{25}$ m =

6 Stelle andere Bruchteile von Längen auf möglichst viele verschiedene Arten dar.
Beispiel:

$\frac{2}{5}$ m = $\frac{4}{10}$ m = $\frac{8}{20}$ m = $\frac{40}{100}$ m = $\frac{400}{1000}$ m = 4 dm = 40 cm = 0,4 m

1 t = 1 000 kg
1 kg = $\frac{1}{1000}$ t = 0,001 t

Gewichte

7 Welche der 24 Gewichte sind gleich? Ordne sie der Grösse nach.

0,1 kg	$\frac{15}{100}$ kg	225 g	$\frac{1}{4}$ kg	0,275 kg	200 g
$\frac{1}{5}$ kg	0,25 kg	$\frac{11}{40}$ kg	275 g	250 g	0,15 kg
0,225 kg	$\frac{1}{8}$ kg	0,2 kg	150 g	0,175 kg	$\frac{1}{10}$ kg
125 g	0,125 kg	$\frac{175}{1000}$ kg	100 g	$\frac{225}{1000}$ kg	175 g

8 Bruchteile einer Tonne. Erstelle eine Liste wie bei Aufgabe 2.

Bruchteile von Längen und Gewichten bestimmen.

9 Gib mit Brüchen an.

a.	250 kg	25 kg	250 g	25 g
b.	800 kg	600 kg	800 g	600 g

10 Stelle auf verschiedene Arten dar (Beispiel bei Aufgabe 4).

a.	500 kg	50 kg	5 kg	0,5 kg	0,05 kg	0,005 kg
b.	125 g	125 kg	250 kg	250 g	375 g	375 kg

11 Wie schwer ist die ganze Last?

a. $\frac{1}{2}$ kg + $\frac{1}{20}$ kg =
$\frac{1}{4}$ kg + $\frac{1}{40}$ kg =
$\frac{1}{5}$ kg + $\frac{1}{50}$ kg =
$\frac{1}{10}$ kg + $\frac{1}{100}$ kg =

b. $\frac{1}{2}$ t + $\frac{1}{5}$ t + $\frac{1}{10}$ t =
$\frac{2}{10}$ kg + $\frac{4}{10}$ kg + $\frac{6}{10}$ kg =
$\frac{1}{10}$ kg + $\frac{1}{20}$ kg + $\frac{1}{25}$ kg =
$\frac{5}{10}$ kg + $\frac{5}{100}$ kg + $\frac{5}{1000}$ kg =

12 Stelle andere Bruchteile von Gewichten auf möglichst viele verschiedene Arten dar. Beispiel:

$\frac{3}{5}$ kg = $\frac{6}{10}$ kg = $\frac{60}{100}$ kg = $\frac{600}{1000}$ kg = 600 g = 0,6 kg

1 hl = 100 l
1 l = $\frac{1}{100}$ hl = 0,01 hl

Hohlmasse (Rauminhalte)

13 Was ist gleich? Ordne der Grösse nach.

$\frac{2}{5}$ l	500 ml	550 ml	400 ml	$\frac{3}{10}$ l	350 ml
$\frac{45}{100}$ l	300 ml	0,3 l	0,35 l	0,4 l	0,5 l
$\frac{1}{2}$ l	0,55 l	450 ml	$\frac{350}{1000}$ l	$\frac{550}{1000}$ l	0,45 l

14 Bruchteile eines Hektoliters. Erstelle eine Liste wie in Aufgabe 2.

15 Gib mit Brüchen an.

a.	30 l	3 l	0,3 l	0,03 l	
b.	1 ml	10 ml	100 ml	1 cl	10 cl

16 Stelle auf verschiedene Arten dar (Beispiel bei Aufgabe 4).

a.	4 dl	40 dl	400 dl	4000 dl
b.	5 ml	5 cl	5 dl	5 l

17 Wie viel beträgt die ganze Menge?

a. $\frac{1}{5}$ l + $\frac{1}{10}$ l = $\quad$ $\frac{1}{10}$ l + $\frac{1}{100}$ l = $\quad$ $\frac{1}{10}$ hl + $\frac{1}{100}$ hl =

b. 1 l + $\frac{1}{10}$ l + $\frac{1}{100}$ l = $\quad$ 1 l + $\frac{2}{5}$ l + $\frac{3}{10}$ l = $\quad$ 1 l + $\frac{1}{2}$ l + $\frac{3}{5}$ l =

18 Stelle andere Bruchteile von Hohlmassen auf möglichst viele verschiedene Arten dar. Beispiel:

$\frac{4}{5}$ l = $\frac{8}{10}$ l = $\frac{80}{100}$ l = $\frac{800}{1000}$ l = 8 dl = 0,8 l

Bruchteile legen und zeichnen

Anna legt die beiden Rechnungen mit ihren Bruchteilen.

$\frac{1}{2} + \frac{1}{4}$

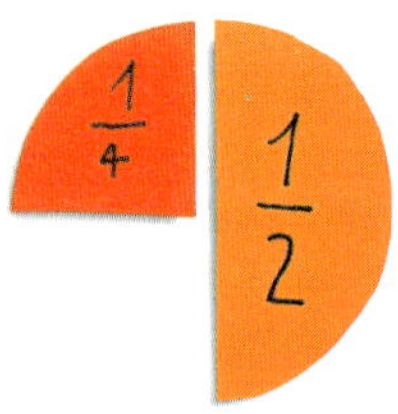

$\frac{3}{4} - \frac{1}{2}$

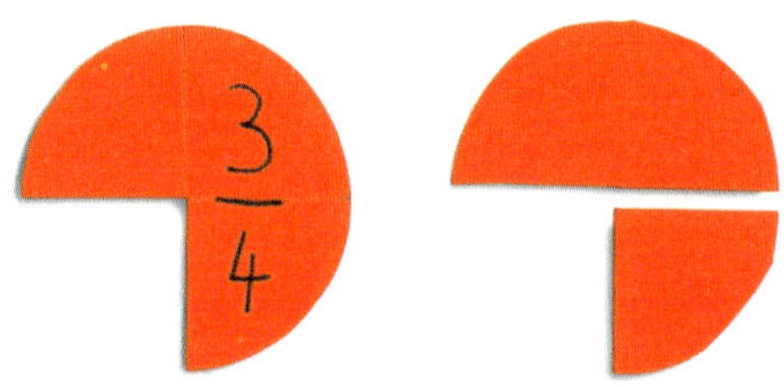

Barbara zeichnet die beiden Rechnungen mit der Zeichenuhr.

$\frac{1}{2} + \frac{1}{4}$

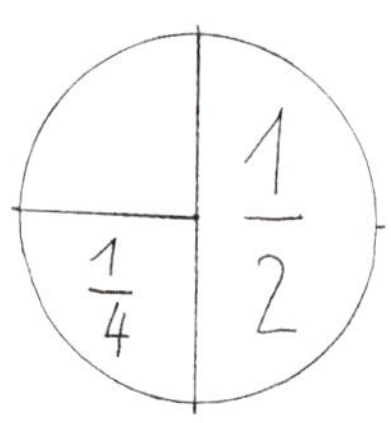

$\frac{3}{4} - \frac{1}{2}$

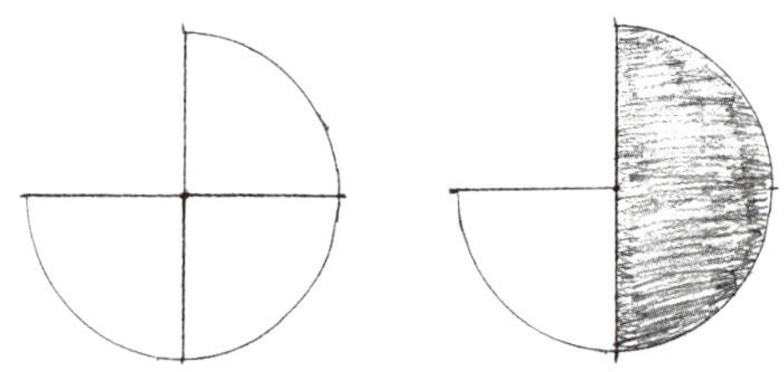

Christian zeichnet die Rechnungen auf kariertes Papier.

$\frac{1}{2} + \frac{1}{4}$

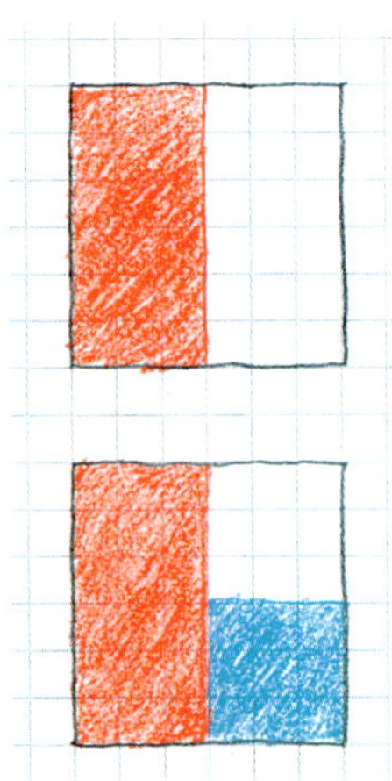

$\frac{3}{4} - \frac{1}{2}$

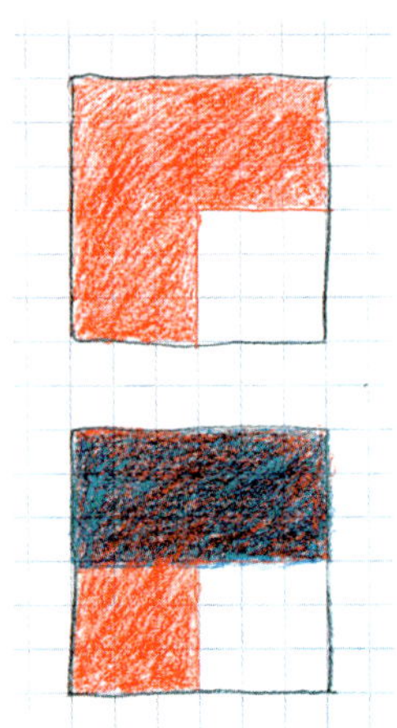

1 Arbeite wie Anna.

a. $\frac{1}{4} + \frac{1}{8}$, $\frac{2}{4} + \frac{2}{8}$, $\frac{3}{4} + \frac{3}{8}$

b. $\frac{3}{4} - \frac{1}{8}$, $\frac{3}{4} - \frac{3}{8}$, $\frac{3}{4} - \frac{5}{8}$

c. $\frac{1}{2} + \frac{1}{4} + \frac{1}{8}$, $1 - \frac{1}{2} - \frac{1}{4} - \frac{1}{8}$

2 Gehe gleich vor wie Barbara.

a. $\frac{1}{6} + \frac{2}{3}$, $\frac{3}{6} + \frac{2}{3}$, $\frac{5}{6} + \frac{2}{3}$

b. $\frac{5}{6} - \frac{1}{3}$, $\frac{4}{6} - \frac{1}{3}$, $\frac{3}{6} - \frac{1}{3}$

c. $\frac{1}{2} + \frac{1}{3} + \frac{1}{6}$, $1 - \frac{1}{2} - \frac{1}{3} - \frac{1}{6}$

3 Mach es wie Christian.

a. $\frac{2}{5} + \frac{1}{10}$, $\frac{2}{5} + \frac{2}{10}$, $\frac{2}{5} + \frac{3}{10}$

b. $\frac{2}{5} - \frac{1}{10}$, $\frac{3}{5} - \frac{3}{10}$, $\frac{4}{5} - \frac{5}{10}$

c. $\frac{1}{2} + \frac{1}{5} + \frac{1}{10}$, $1 - \frac{1}{5} - \frac{1}{10}$

4 Entscheide selber, wie du vorgehen willst.

a. $\frac{1}{2} + \frac{1}{3}$, $\frac{1}{2} + \frac{1}{4}$, $\frac{1}{2} + \frac{1}{5}$, $\frac{1}{2} + \frac{1}{6}$

b. $\frac{3}{4} - \frac{1}{2}$, $\frac{3}{4} - \frac{1}{4}$, $\frac{3}{4} - \frac{1}{6}$, $\frac{3}{4} - \frac{1}{8}$

c. $\frac{2}{3} + \frac{3}{5}$, $\frac{2}{3} - \frac{3}{5}$, $\frac{2}{3} + \frac{3}{8}$, $\frac{2}{3} - \frac{3}{8}$

d. $\frac{1}{2} + \frac{1}{10}$, $\frac{1}{2} + \frac{1}{12}$, $\frac{1}{2} + \frac{1}{15}$, $\frac{1}{2} + \frac{1}{20}$, $\frac{1}{2} + \frac{1}{30}$, $\frac{1}{2} + \frac{1}{60}$

e. $\frac{3}{4} - \frac{1}{10}$, $\frac{3}{4} - \frac{1}{12}$, $\frac{3}{4} - \frac{1}{15}$, $\frac{3}{4} - \frac{1}{20}$, $\frac{3}{4} - \frac{1}{30}$, $\frac{3}{4} - \frac{1}{60}$

f. $\frac{1}{2} + \frac{1}{7}$, $\frac{1}{2} + \frac{1}{8}$, $\frac{1}{2} + \frac{1}{9}$, $\frac{1}{2} - \frac{1}{7}$, $\frac{1}{2} - \frac{1}{8}$, $\frac{1}{2} - \frac{1}{9}$

g. $\frac{2}{3} + \frac{1}{4}$, $\frac{2}{3} + \frac{2}{4}$, $\frac{2}{3} + \frac{3}{4}$

h. $\frac{3}{4} + \frac{1}{3}$, $\frac{3}{4} + \frac{1}{4}$, $\frac{3}{4} + \frac{1}{5}$

i. $\frac{9}{6} - \frac{1}{3}$, $\frac{9}{6} - \frac{2}{3}$, $\frac{9}{6} - \frac{3}{3}$

5 Erfindet weitere Aufgaben und tauscht sie untereinander aus.

6 Findest du auch hier einen Lösungsweg?

$2 \cdot \frac{3}{4}$ $\qquad$ $3 \cdot \frac{3}{6}$ $\qquad$ $4 \cdot \frac{3}{8}$

Zahlenrätsel

Das Zusammenzählen heisst Addition.
Wir addieren 333 + 77 = ?
Das Resultat heisst **Summe.**

Das Wegzählen heisst Subtraktion.
Wir subtrahieren 999 − 123 = ?
Das Ergebnis hat den Namen **Differenz.**

Das Malrechnen heisst Multiplikation.
Wir multiplizieren 6 · 33 = ?
Dem Resultat sagen wir **Produkt.**

Das Geteilt-durch-Rechnen heisst Division.
Wir dividieren 169 : 13 = ?
Das Ergebnis hat den Namen **Quotient.**

1 Denk dir eine Zahl. Addiere 3 und verdopple das Resultat. Subtrahiere 4. Halbiere das Ergebnis. Subtrahiere schliesslich die von dir gedachte Zahl.
Was erhältst du?
Vergleicht eure Resultate in der Klasse. Was stellt ihr fest? Warum ist das so?
Notiere deine Überlegungen.

2 Denk dir eine Zahl. Verstecke eine entsprechende Anzahl Kugeln (Marmeln) in einem Sack. Sag niemandem, wie viele Kugeln im Sack sind.

Was nun?

3 Denk dir eine Zahl. Vervierfache sie. Addiere 6 zum Produkt. Dividiere das Resultat durch 2 und subtrahiere das Doppelte deiner gedachten Zahl. Vergleiche dein Resultat mit anderen Resultaten.

4 Jemand hat sich folgenden Zahlentrick ausgedacht: «Denke dir eine Zahl und addiere 1. Verdreifache das Ergebnis. Subtrahiere die gedachte Zahl vom Produkt. Du erhältst immer 3.»

a. Stimmt das?
b. Für welchen Fall stimmt es?
c. Ändere die letzte Anweisung, damit die Behauptung immer stimmt.

Lösungswege für Rätsel suchen.

Hilfe
100 Säcklein oder 1 000 Kugeln zu zeichnen ist zu mühsam. Es ist einfacher, 100 ·  und 1 000 ·  zu schreiben.

5 Ein Zahlentrick mit grossen Zahlen: Denk dir eine Zahl. Addiere 15 und multipliziere die Summe mit 4. Subtrahiere 16. Multipliziere die Differenz mit 25. Subtrahiere 500, dividiere durch 100 und subtrahiere anschliessend deine gedachte Zahl. Du erhältst immer 6. Begründe.

6 Ich denke mir eine Zahl s (s wie Säcklein) und führe damit folgende Zaubereien durch: Ich verdopple s, addiere 1, verdreifache die Summe, subtrahiere das Sechsfache von s.
Wie lautet das Ergebnis? Begründe.

7 Berechne.

a. Bilde den Quotienten aus 55 und 11. Subtrahiere davon 3 und multipliziere schliesslich mit 4.
b. Addiere zum siebten Teil von 28 die Hälfte von 8 und multipliziere mit dem Dreifachen von 2.
c. Was erhalte ich, wenn ich von 273 das Produkt von 4 und 8 subtrahiere und dazu den Quotienten aus 56 und 8 addiere?
d. Ich verdopple die Differenz von 55 und 49. Dann multipliziere ich mit der Summe dieser beiden Zahlen.
e. Erfinde ein Rätsel, das als Resultat 48 gibt.

8 Denk dir einige Zahlen, setze sie anstelle des Säckleins und rechne aus.
Was stellst du fest?

a.  + 67 + 33 =

b.  + 27 −  − 12 =

c.  · 4 −  −  −  =

d.  + 23 − 12 + 10 − 21 =

e.  :  + 111 + 38 =

9 Zur Aufgabe 8a lautet das Rätsel: «Ich denke mir eine Zahl, addiere 67 und dann 33. Ich erhalte 120. An welche Zahl habe ich gedacht?»
Wie lautet das Rätsel für die Aufgaben 8b bis 8e?

Versteckte Zahlen

1 Ich denke mir eine Zahl und ...

a. ... addiere 10,
multipliziere sie mit 10,
subtrahiere 10,
dividiere durch 10 und erhalte 10.

b. ... multipliziere sie mit 10,
addiere 10,
dividiere durch 10,
subtrahiere 10 und erhalte 10.

c. ... subtrahiere 10,
multipliziere sie mit 10,
addiere 10,
dividiere durch 10 und erhalte 10.

d. ... dividiere durch 10,
subtrahiere 10,
multipliziere sie mit 10,
addiere 10 und erhalte 10.

e. Man kann die Zahl 10 durch 20, 30, 40, ... ersetzen. Untersucht gemeinsam, welches nun die gedachte Zahl ist.

f. Wählt beliebige Zahlen.

2

a. Ich dividiere eine unbekannte Zahl zuerst durch 5, dann durch 4, dann durch 3 und durch 2 und erhalte 360.

b. Ich multipliziere eine unbekannte Zahl mit 5, dann mit 4, dann mit 3 und mit 2 und erhalte 360.

c. Ich addiere zu einer unbekannten Zahl zuerst 5, dann 4, dann 3 und schliesslich 2 und erhalte 360.

d. Ich subtrahiere von einer unbekannten Zahl 5, dann 4, dann 3 und noch 2 und erhalte 360.

e. Wie erhalte ich die gesuchte Zahl mit einer einzigen Rechnung?

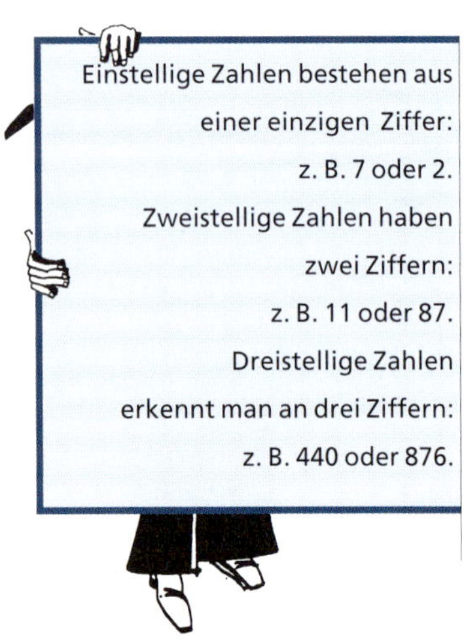

3 Erfinde selber solche Rätsel.

4 Wie lauten die versteckten Zahlen?

a. Das 25fache meiner Zahl plus 25 ergibt das Fünffache von 20.

b. Die kleinste ganze, zweistellige Zahl mal 3 und plus 3 ergibt die versteckte Zahl.

c. Wie viel gibt die grösste ganze, dreistellige Zahl dividiert durch 3?

d. Der siebte Teil der versteckten Zahl ist um 25 kleiner als 500.

Es falsches Värsli

1 + 1 isch drü
e Walfisch früürt a d Chnü
3 + 3 isch sibe
wo isch der Walfisch blibe?
7 + 1 isch fümf
är chauft sich neui Strümpf.

Nones falsches Värsli

2 + 1 isch vier
e Wildsou trinkt es Bier
4 + 4 isch zäh
si gorpset und seit «bäh!»
10 + 10 isch tuusig
das Gsöff isch würklech gruusig!

Und es richtigs Värsli

1 + 1 isch zwöi
e Lehrer frisst ke Heu
2 + 2 isch vier
e Chue spielt kei Klavier
4 + 4 isch acht
wär zmörgelet, isst nid znacht

Franz Hohler

Wir erinnern uns:

$=$ lies: «gleich»

$12 : 3 = 2 \cdot 8 - 12$

Dies ist eine Gleichung.

$\neq$ lies: «nicht gleich»

$3 + 1 \neq 10 : 2$

$<$ lies: «ist kleiner als»

$7 \cdot 3 < 33 - 10$

$<$ nennt man Kleinerzeichen.

$>$ lies: «ist grösser als»

$3 \cdot 4 + 2 > 17 - 8$

$>$ nennt man Grösserzeichen.

5 Es eignigs Värsli

a. Erfinde selber falsche oder richtige Värsli.

b. Schreibe die Rechnung von Franz Hohler auf und verwende die zutreffenden Zeichen dazu.
z. B. $1 + 1 \neq 3$ oder: $1 + 1 < 3$

6 Für welche Zahlen gelten die folgenden Sätze?

a. Die unbekannte Zahl ist grösser als 24 und kleiner als 29.

b. Die Zahl x ist durch 4 teilbar.

c. Die gesuchte Zahl z ist durch 2 und 3 teilbar.

d. Die versteckte Zahl y ist ein Vielfaches von 3.

7 Welche Zahl kann z sein?

a. $z > 27$

b. $17 + z < 63$

c. $4 \cdot z < 25$

d. $36 - z < 29$

e. $6 \cdot z > 55$

f. $18 < z : 2$

g. $24 : z < 5$

h. $1 \cdot z < 1$

8 Welche Zahl kann z in Nr. 7 a – h nicht sein?

9 Wie heissen die Zahlen?

a. Das Dreifache ist grösser als 51.

b. Die Hälfte ist kleiner als 9.

c. Das 4fache plus 7 ist 79.

d. Der sechste Teil ist grösser als 2.

10 Die Zahl A ist kleiner als B. B ist kleiner als C. A ist aber grösser als D. E ist die kleinste Zahl.

a. Welche Zahlen sind grösser als B?

b. Welche Zahlen sind kleiner als A?

c. Ordne alle Zahlen von A bis E der Grösse nach.

Klammern und Rechenbäume

Um Zahlen zu verstecken, schreiben wir sie als Rechnung. Die Spielregel lautet: Bei jedem neuen Verstecken setzest du eine Klammer.

50	
(2 · 25)	Einfach versteckt
(2 · (20 + 5))	Doppelt versteckt
(2 · ((100 – 80) + 5))	Dreifach versteckt
(2 · ((100 – (400 : 5)) + 5))	Vierfach versteckt

1 Du wählst die Zahl 50 und versteckst sie so gut, dass sie niemand mehr findet. Niemand?
Findest du die Zahl 50 in jeder Zeile wieder?

2 Nimm die Zahl 100 und verstecke sie auf dieselbe Weise.

100	100	100
(5 · 20)	(120 – 20)	(60 + 40)
(5 · (120 : 6))	((55 + 65) – 20)	…
(5 · (120 : (10 – 4)))	…	
…		

3 Wähle für jedes leere Feld der Tabelle eine Zahl und verstecke sie.

Die Zahl ist	weniger als 20	zwischen 21 und 99	grösser als 100	grösser als 1 000
einfach versteckt				
doppelt versteckt				
dreifach versteckt				

a. Gib die so versteckte Zahl zum Herausfinden weiter. Du selbst erhältst versteckte Zahlen von andern.
b. Wie hast du die versteckten Zahlen gefunden?

100 =	1 000 =	10 000 =	100 000 =	1 000 000 =
60 +	600 +	6 000 +	56 000 +	560 000 +
75 +	750 +	7 500 +	37 500 +	375 000 +
45 +	450 +	4 500 +	84 500 +	845 000 +
92 +	920 +	9 200 +	49 200 +	492 000 +
29 +	290 +	2 900 +	62 900 +	629 000 +

4 Welche Zahlen verstecken sich hinter diesen Ausdrücken?

a. ((1 + 2) · ((21 – 9) : 3))

b. (20 + (20 + (120 : 6)))

c. (10 · (((350 : 7) · 3) : 5))

d. ((1 100 – (325 – 75)) + 650)

e. (3 · (1 250 + (25 · 50)))

f. ((5 · (3 · (5 · 5))) · (10 · 10))

Welche Beziehung haben die Resultate untereinander?

5 Welche Zahl x hat sich in folgenden Rechenbäumen versteckt?

a.

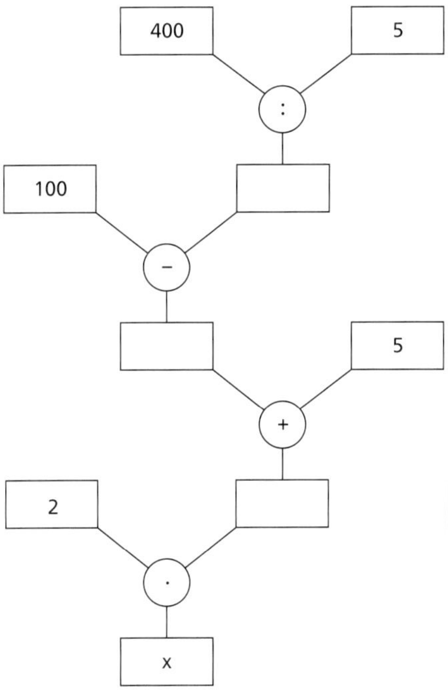

b.

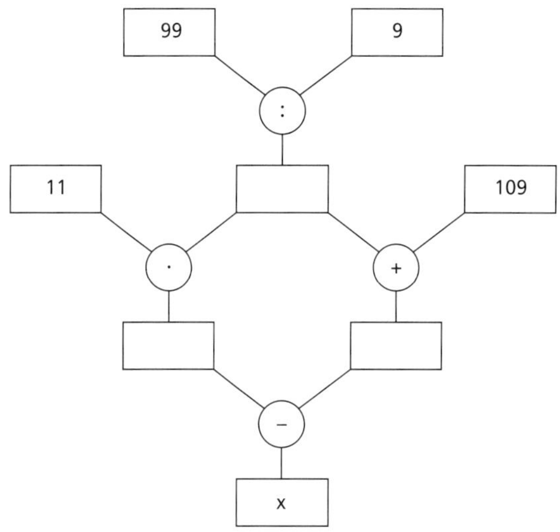

c.

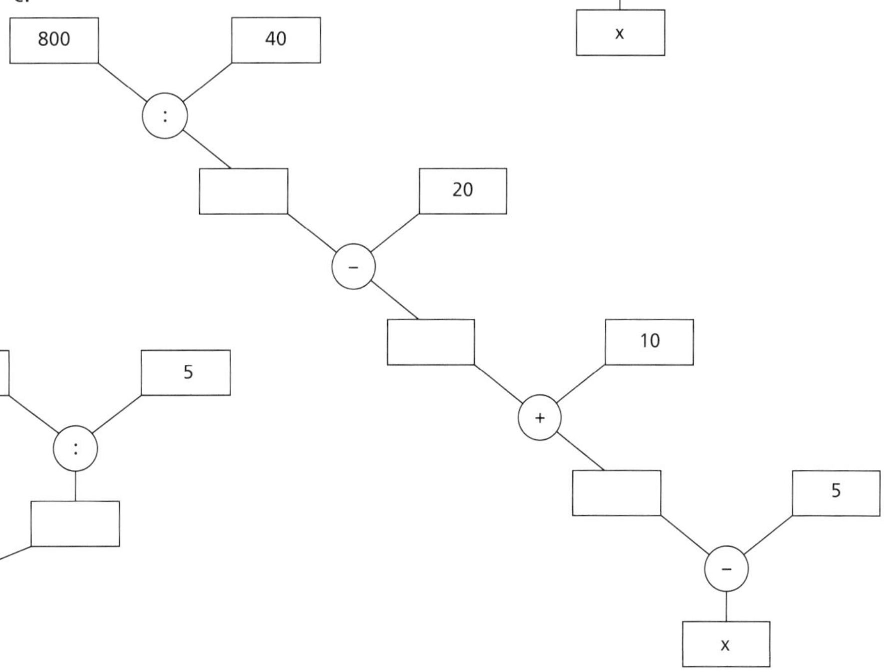

d.

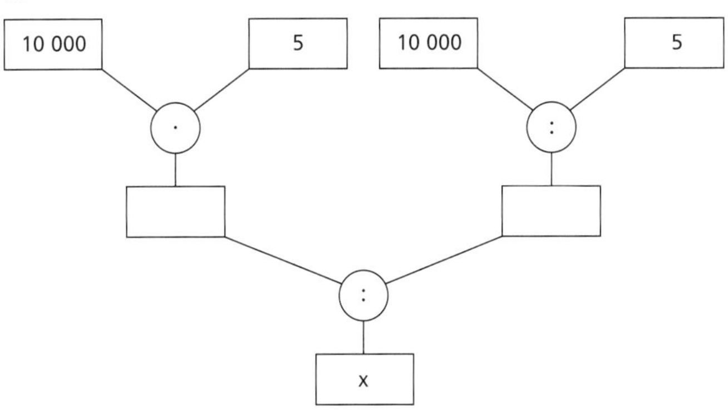

6 Schreibe die Rechenbäume von Aufgabe 5 als Klammeraufgaben.
Die Lösung von 5a ist dir bereits bekannt.

7 Zeichne Rechenbäume zur Aufgabe 4.

8 Erfinde selber Rechenbäume und lasse sie berechnen. Schreibe diese Rechenbäume als Klammerrechnung.

Zahlenquadrate

Zahlenquadrate haben die Menschen schon immer fasziniert.

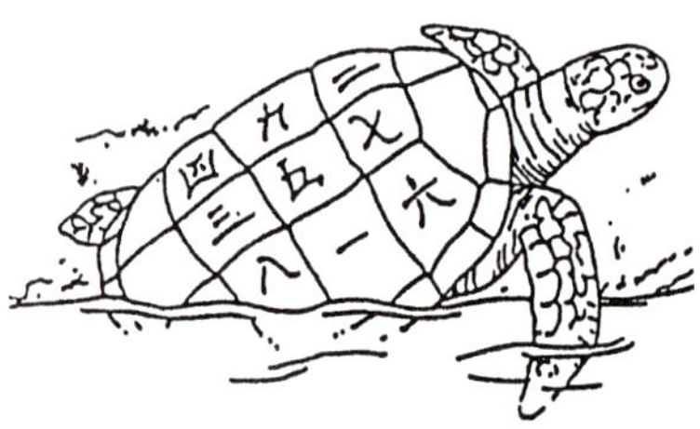

Eine alte chinesische Legende beginnt wie folgt: «Eines Tages tauchte aus dem Meer eine Schildkröte auf, die auf ihrem Panzer seltsame Zeichen trug ...» Die Schildkröte hiess Lo Shu. Gelehrte des chinesischen Kaisers entschlüsselten die rätselhaften Zeichen und stellten sie mit der Hilfe von Knotenschnüren dar.

Das Zahlenquadrat von Lo Shu, wie es die Chinesen damals zeichneten, und das Quadrat mit unseren Zahlen:

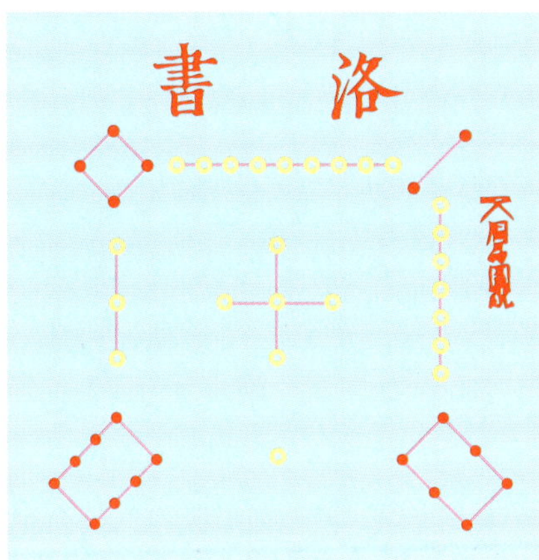

4	9	2
3	5	7
8	1	6

1 Magischer Spruch: «Addiere längs, addiere quer und schräg dazu – was findest du?»
Und? Was findest du?

4	9	2
3	5	7
8	1	6

1	3	5	7	9
5	7	9	1	3
9	1	3	5	7
3	5	7	9	1
7	9	1	3	5

2 Wie heisst die magische Zahl?
Was fällt dir sonst noch auf? Notiere deine Beobachtungen.

2	4	6	8	10
6	8	10	2	4
10	2	4	6	8
4	6	8	10	2
8	10	2	4	6

16	20	24	22	18
24	22	18	16	20
18	16	20	24	22
20	24	22	18	16
22	18	16	20	24

91	900	191	90	19
191	90	19	91	900
19	91	900	191	90
900	191	90	19	91
90	19	91	900	191

Magische Zahlen suchen.

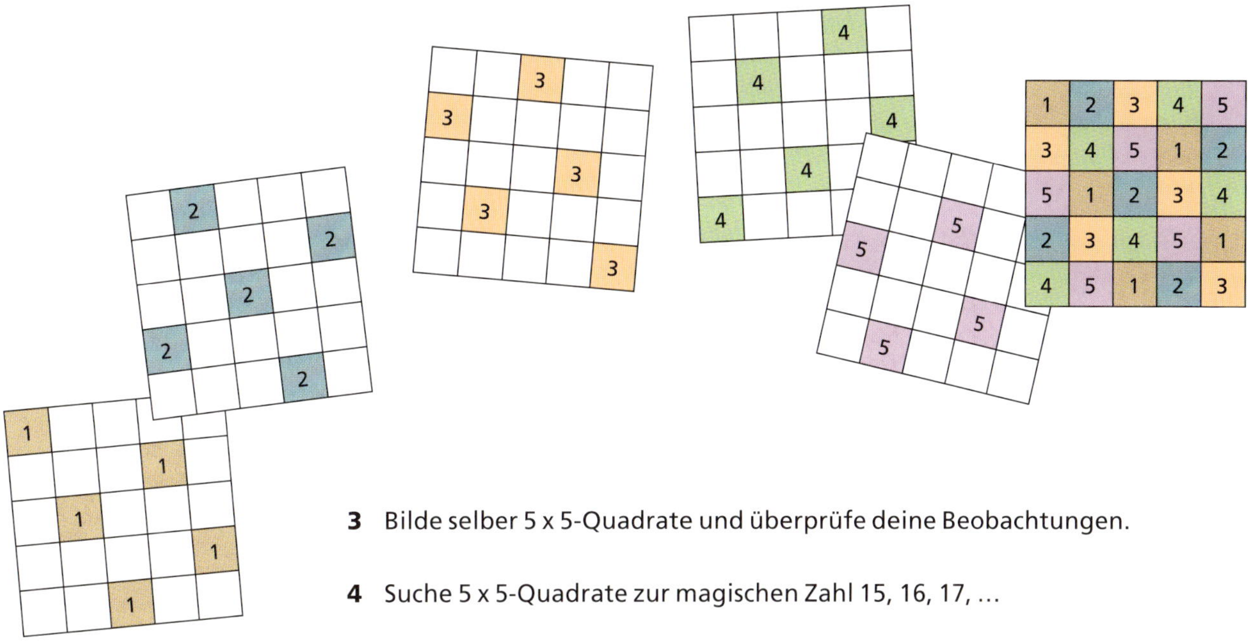

3 Bilde selber 5 x 5-Quadrate und überprüfe deine Beobachtungen.

4 Suche 5 x 5-Quadrate zur magischen Zahl 15, 16, 17, …

5 Berechne in deinen Zahlenquadraten auch die Summe der Zahlen in den schraffierten Feldern:

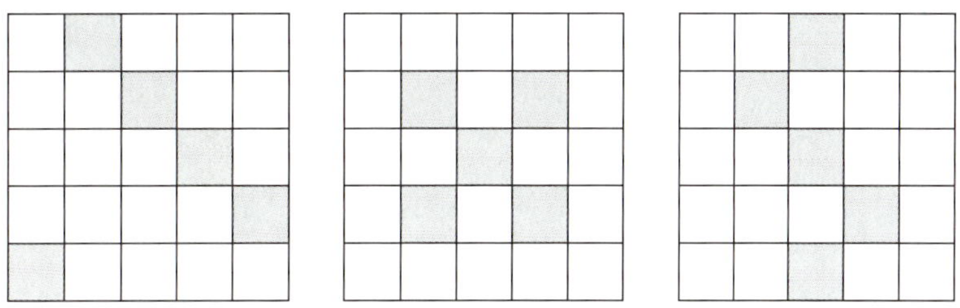

6 Suche selber weitere Muster, welche die magische Zahl ergeben.

7 Wähle ein 5 x 5-Quadrat und vergrössere jede Zahl um 1. Was stellst du fest? Was geschieht, wenn du jede Zahl verdoppelst? Überprüfe deine Vermutungen an verschiedenen Beispielen.

8 Vertausche in einem Zahlenquadrat zwei Zeilen. Welche Eigenschaften hat das neue Zahlenquadrat? Wie ist es, wenn du zwei Spalten vertauschst?

9 Zahlenquadrate kann man addieren. Was entdeckst du?

1	2	3	4	5		0	5	10	15	20		1	7	13	19	25
3	4	5	1	2		10	15	20	0	5		13	19	25	1	7
5	1	2	3	4	+	20	0	5	10	15	=	25	1	7	13	19
2	3	4	5	1		5	10	15	20	0		7	13	19	25	1
4	5	1	2	3		15	20	0	5	10		19	25	1	7	13

1	7	13	19	25		0	5	10	15	20						
13	19	25	1	7		10	15	20	0	5						
25	1	7	13	19	+	20	0	5	10	15	=					
7	13	19	25	1		5	10	15	20	0						
19	25	1	7	13		15	20	0	5	10						

Wir planen unsere

Der Lehrer Melchior Zingg schildert den Verlauf des Projektes.

Hausaufgabe
Die Schülerinnen und Schüler sammeln zu Hause Ideen für Schulreisen.

Ideensammlung
In der Klasse werden die Vorschläge präsentiert.

Projekte ausarbeiten
Zweiergruppen wählen einen Reisevorschlag aus und erarbeiten die Details: Reisestrecke, Fahrplan, Verpflegung und Unterkunft, ungefähre Kosten.

Projekte vorstellen
Jede Gruppe stellt ihr Projekt vor mit dem Ziel, die anderen dafür zu begeistern.

Schulreise auswählen
Die Klasse diskutiert Vor- und Nachteile der verschiedenen Schulreisen. Nach ausführlichen Gesprächen wird der Vorschlag «Zelten im Diemtigtal zum Thema Indianer» ausgewählt.

Vorbereitung der Schulreise «Diemtigtal»
In Gruppen planen die Schülerinnen und Schüler die ausgewählte Schulreise.
- Organisation: Fahrplan, Billettbestellung, Zelte, Materialtransport mit einem Begleitbus, Elterninformation.
- Verpflegung: Menüplan, Einkaufsliste, Lebensmittel einkaufen.
- Indianer: Schlangenbrot, Pfeil und Bogen, Tomahawk, Zeichengebung, Bändel knüpfen, Spiele.

Erfahren, wie eine Klasse ihre Schulreise geplant hat.

Schulreise

Stimmen aus dem Jahresrückblick

Melchior Zingg
«Trotz der gestörten Nachtruhe durch ein heftiges Gewitter und tropfende Zelte werde ich einer anderen Klasse wieder den Vorschlag machen, eine Schulreise selber zu planen.»

Beatrice
«In diesem Schuljahr hat mir besonders die Schulreise gefallen. Es war so gemütlich, als ein Gewitter kam.»

Irène
«Mir hat nicht gefallen, dass eine Kollegin auf der Schulreise im Zelt fast durchgedreht hat und ich im grössten Regen und Gewitter hinausgehen musste, um Herrn Zingg zu holen.»

Myrtha
«Was mir besonders gefallen hat, war die Schulreise, weil wir sie selber auswählen und organisieren konnten.»

Und ihr?
Könnt ihr euch vorstellen, eine Besichtigung, einen Museumsbesuch, eine Tageswanderung, eine Velotour, eine Schulreise oder gar eine Klassenwoche selber zu organisieren?

Überlegen, wie ein Unternehmen in der Klasse geplant werden kann.

Körper aus Würfeln

Hier sind einige aus Würfeln zusammengesetzte Körper.
Körper A beispielsweise besteht aus 4 Würfeln.

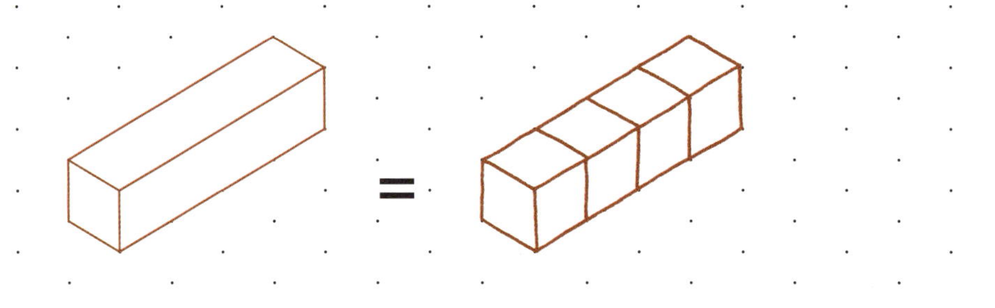

1

a. Baue einige der abgebildeten Körper mit Würfeln nach.

b. Baue selbst einige Körper und zeichne sie auf Punktpapier (Kopiervorlage).

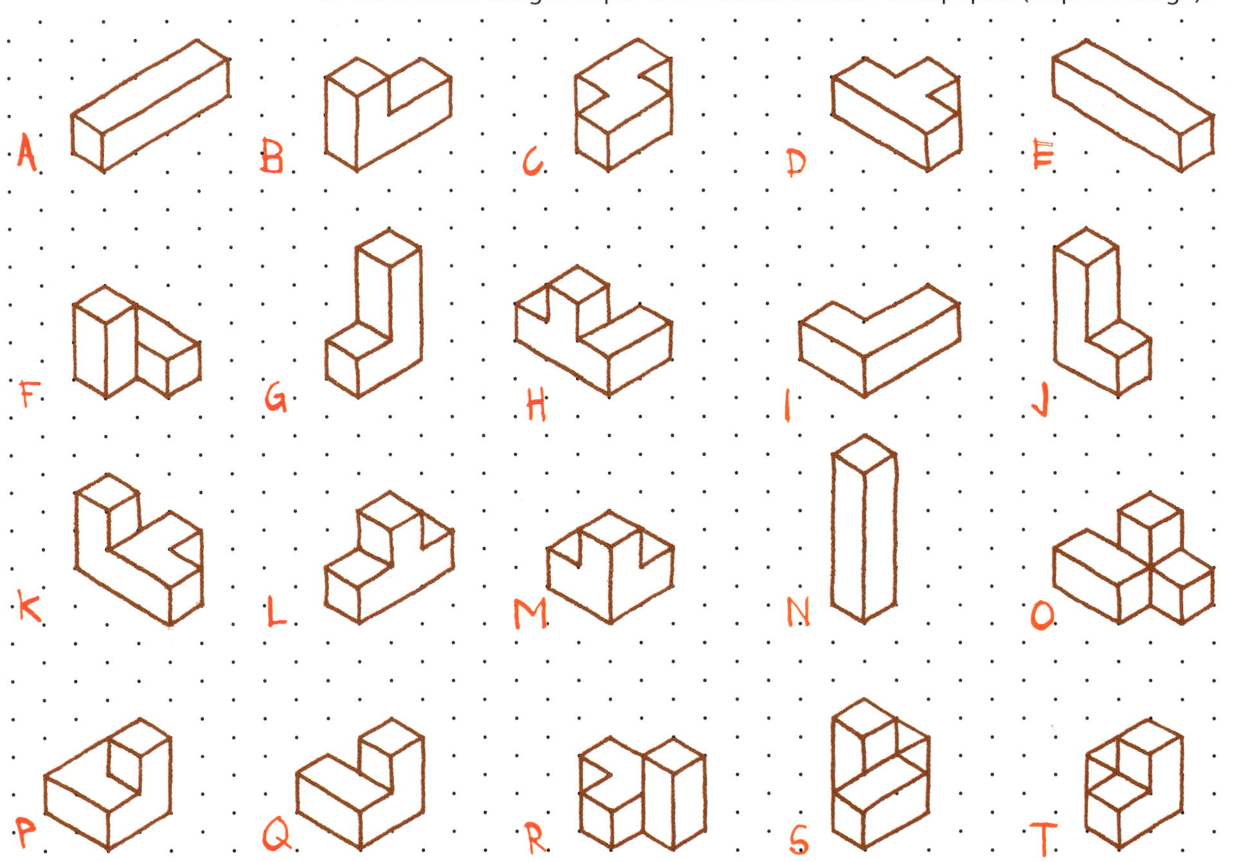

2 Einige dieser Körper sind gleich, sind aber von einer anderen Seite gezeichnet.
Suche Körper, die gleich sein könnten.
Beispiele:
A ist der gleiche Körper wie die Körper E oder N.
M könnte der gleiche Körper sein wie T.
M könnte aber auch der gleiche Körper sein wie P.

3 Wähle einen Körper aus und baue ihn nach.

a. Zeichne ihn so auf Punktpapier, wie er von hinten aussieht.

b. Zeichne ihn so auf Punktpapier, wie er von rechts aussieht.

c. Zeichne ihn so auf Punktpapier, wie er von links aussieht.

4 Alle unten abgebildeten Körper kannst du mit einem L und einem S bauen.

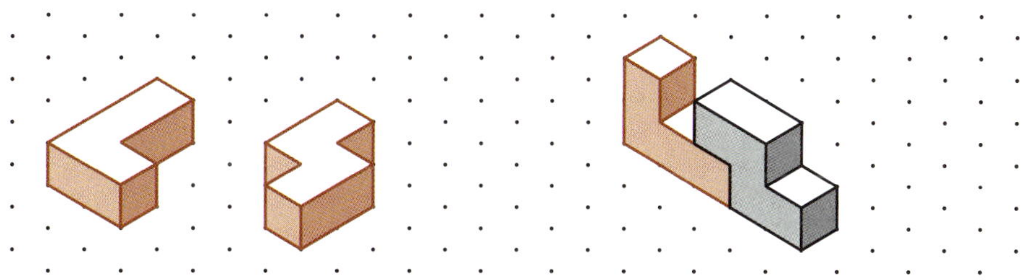

L S

Baue die Körper nach, zeichne einige davon auf Punktpapier und male das S an.

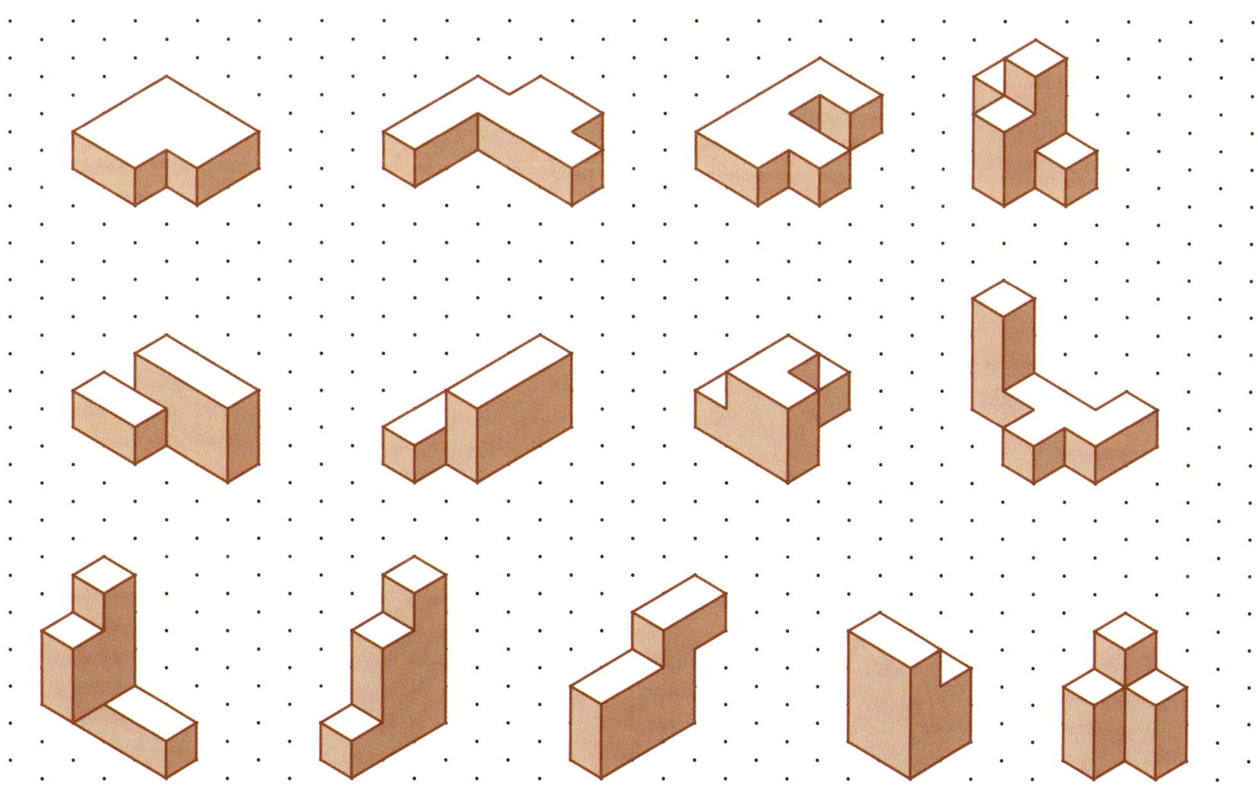

5 Baue weitere Körper mit einem L und einem S. Zeichne sie auf Punktpapier.

Körper nachbauen und auf Punktpapier (Kopiervorlage) zeichnen.

Quaderansichten

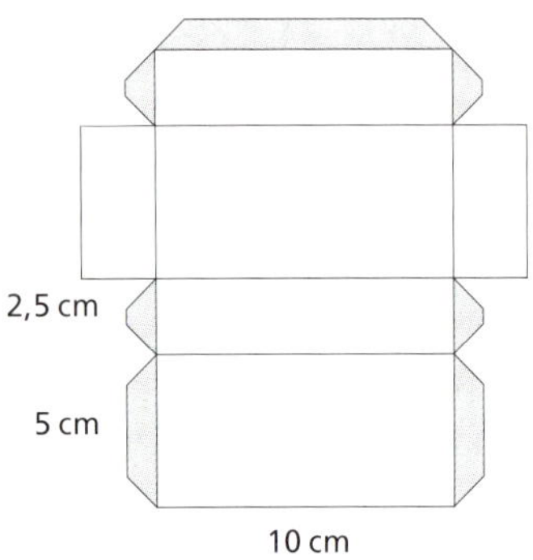

1 Zeichne dieses Quadernetz dreimal auf festes Papier. Baue einen gelben, blauen und roten Quader. Achte darauf, dass du exakte rechte Winkel zeichnest und die Längen genau misst.

2 Stelle die Quader auf das Grundrissblatt (Kopiervorlage). Die Ansichten von Norden, Osten und Westen sind gezeichnet. Wie sieht die Ansicht von Süden aus? Zeichne in dein Heft.

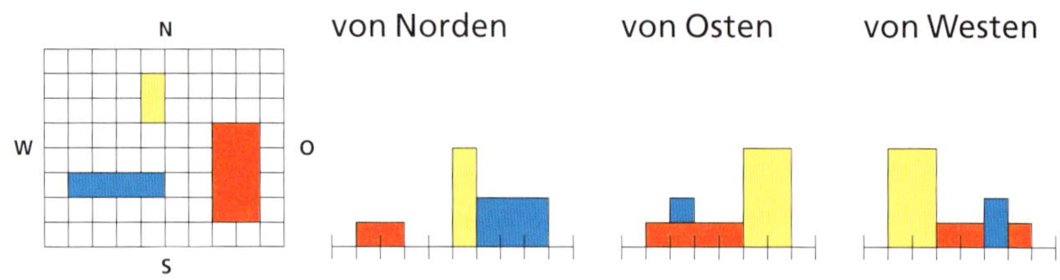

3 Stelle die Quader auf das Grundrissblatt. Zeichne die fehlenden Ansichten.

a.

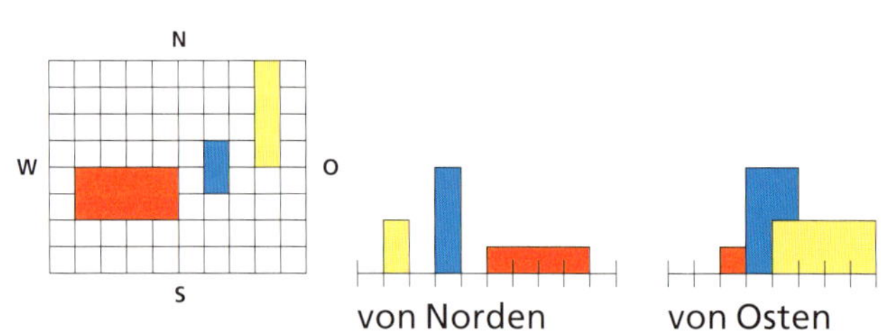

von Westen?
von Süden?

b.

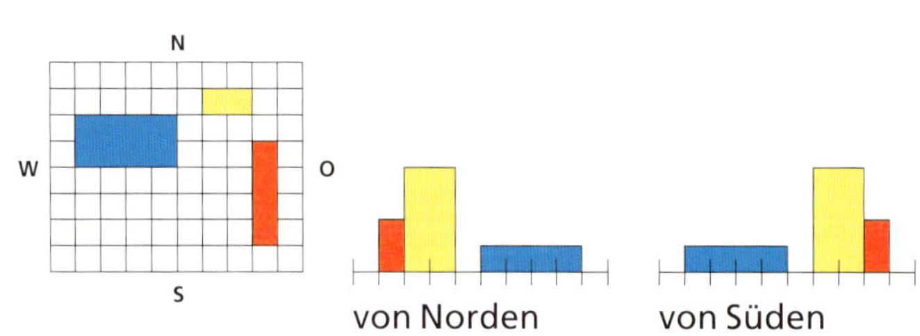

von Westen?
von Osten?

c.

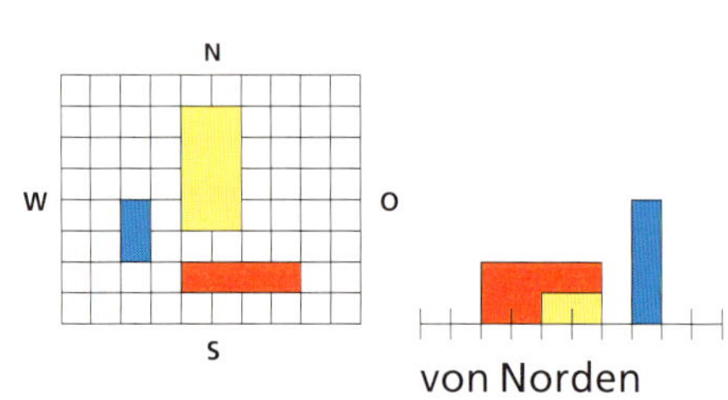

von Osten?
von Süden?
von Westen?

4 Stelle die Quader auf.
Wie sehen die 4 Ansichten aus?

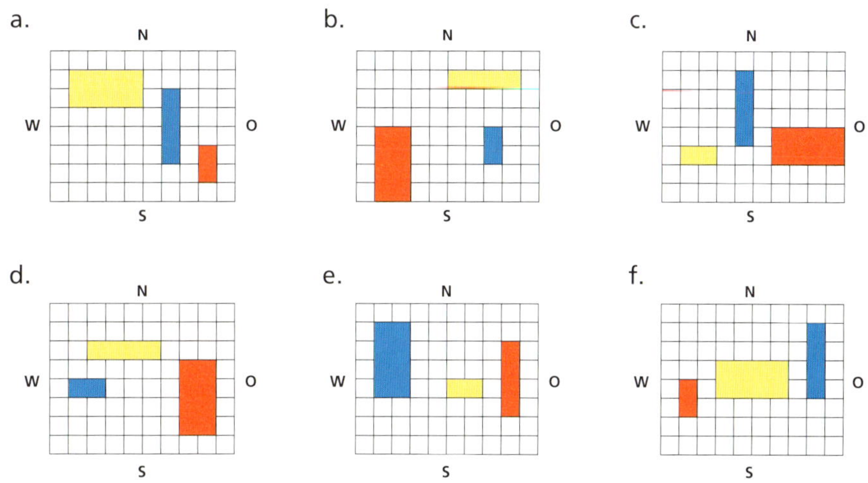

5 Hier sind die 4 Ansichten gezeichnet. Stelle die Quader so auf, dass alle 4 Ansichten stimmen. Zeichne den Grundriss auf kariertes Papier.

a.
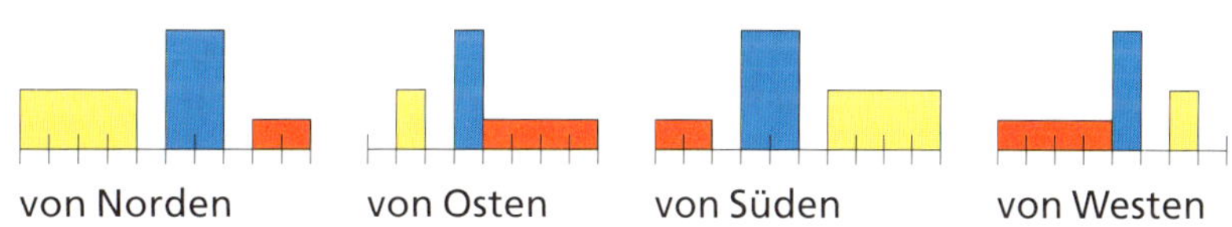

b.
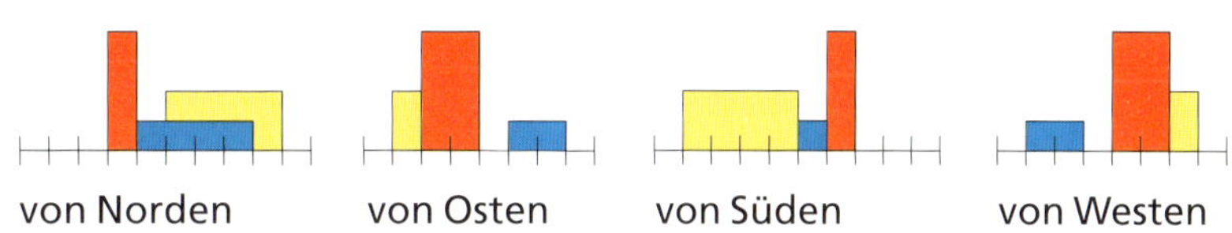

c.
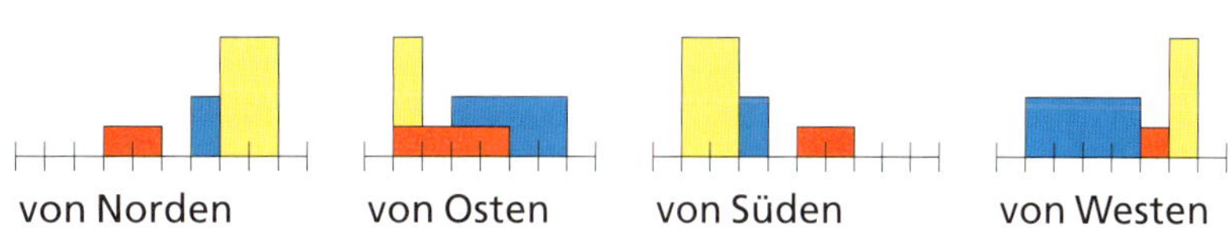

d.
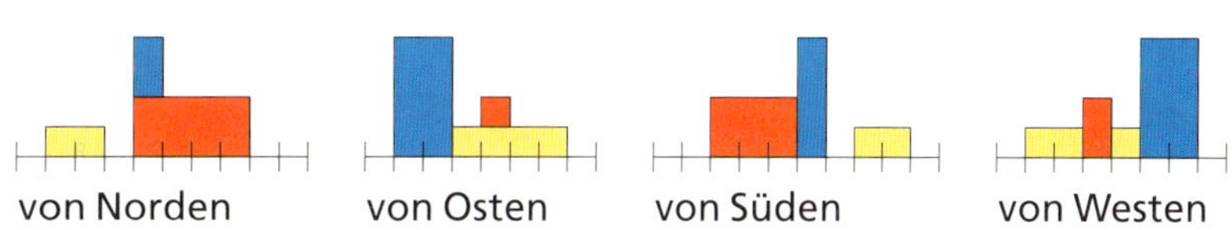

6 Stellt euch weitere solche Aufgaben.

Würfelspiele

Spiel für 3–5 Spieler
2 gewöhnliche Spielwürfel,
30 Knöpfe pro Spieler,
1 Spielfeld

Bankierspiel

Knicke ein A4-Blatt in der Mitte und falte es auseinander. Dadurch entstehen zwei Felder. In das linke Feld schreibst du «klein» und die Zahlen 2, 3, 4, 5, 6, und in das rechte Feld schreibst du «gross» und die Zahlen 8, 9, 10, 11 und 12.
Jeder Spieler erhält 30 Knöpfe. Es wird reihum gewürfelt. Wer die höchste Punktzahl würfelt, leitet als Erster die Bank. Nur der Bankier verwaltet die beiden Würfel.
Wer fängt an? Die Spieler setzen einen oder zwei Knöpfe auf eines der Felder «gross» oder «klein». Die Würfel des Bankiers entscheiden, wer auf das richtige Feld gesetzt hat. Der Bankier würfelt mit zwei Würfeln. Beträgt die Summe der Augen 2, 3, 4, 5 oder 6, gewinnen die Spieler, die ihre Knöpfe auf das Feld «klein» gelegt haben. Diese Spieler erhalten vom Bankier das Doppelte ihres Einsatzes zurück.
Alle übrigen Spieler gehen leer aus. Die Knöpfe auf dem Feld «gross» gehen an die Bank.
Wenn nun die Summe der Würfel 8, 9, 10, 11 oder 12 beträgt, erhalten die Spieler, die auf das Feld «gross» gesetzt haben, den doppelten Einsatz zurück. Dann gehen die anderen Spieler leer aus.
Beträgt die Augensumme 7, gewinnt die Bank. Dann gehen alle Knöpfe auf den Spielfeldern «gross» und «klein» an den Bankier.
Damit alle Spieler dieselben Chancen haben, darf der Bankier nur 10-mal würfeln. Dann ist der nächste Spieler als Bankier an der Reihe. Das geht so lange, bis jeder Spieler die Bank einmal verwaltet hat.
Sieger ist, wer bei Spielende am meisten Knöpfe hat.

a. Erklärt einander die Spielregeln, so wie ihr sie verstanden habt. Beginnt erst zu spielen, wenn alle Fragen geklärt sind. Spielt das Spiel einige Male durch.
b. Was ist besser: auf «klein» oder auf «gross» zu setzen? Begründe deine Antwort.
c. Was bist du lieber in diesem Spiel: Spieler oder Bankleiterin? Warum?

Erfahrungen mit einem Würfelspiel sammeln und analysieren.

Spiel für 2–6 Spieler
1 gewöhnlicher Spielwürfel,
10 Knöpfe pro Spieler

Möglichst nahe an 20

Die Spieler würfeln der Reihe nach und schreiben die Augenzahl jeweils auf. Es geht darum, so nahe wie möglich an 20 Punkte heranzuwürfeln. Spannend wird es ab dem dritten Mal, denn du darfst nicht mehr als 20 Punkte haben. Würfelst du mit 18 Punkten eine 3, hast du schon verloren. Du darfst aber auch aussetzen und abwarten.

Alle Spieler, die mehr als 20 Punkte haben, müssen dem Sieger 6 Knöpfe bezahlen. Wer weniger Punkte als der Sieger hat, muss dem Sieger so viele Knöpfe bezahlen, wie ihm zu 20 Punkten fehlen.

Wenn alle Spieler noch Knöpfe haben, wird von neuem gewürfelt. Gespielt wird so lange, bis ein Spieler keine Knöpfe mehr hat.

a. Spielt das Spiel ein paar Mal. Notiert, wer mit welcher Augenzahl gewonnen hat. Mit welchen Augenzahlen wurde gewonnen?
b. Kritisch ist es, wenn du schon 18 Punkte hast. Würfelst du nochmals oder nicht? Begründe deine Antwort.
c. Was machst du, wenn du 14, 15, 16, 17 oder 19 Punkte hast?

Spiel für 2–4 Spieler
2 gewöhnliche Spielwürfel,
1 Blatt Papier pro Spieler

Die Uhr füllen

Jeder Spieler schreibt die Zahlen 1 bis 12 auf sein Blatt und würfelt mit zwei Würfeln. Die Augen werden zusammengezählt. Würfelst du zum Beispiel eine 3 und eine 4, ergibt dies 7. Dann streichst du auf deinem Blatt die 7. Würfelst du eine 2 und eine 5, ergibt dies nochmals 7, aber dann kannst du die Zahl auf deinem Blatt nicht mehr streichen. Gewonnen hat, wer zuerst 11 der 12 Zahlen gestrichen hat.

a. Notiert jeweils die Zahl, die als letzte gestrichen werden konnte, und diejenigen, die nicht gestrichen werden konnten.
b. Welche Zahlen hättet ihr problemlos mehrmals durchstreichen können?
c. Überlegt euch, welche Zahlen nie, häufig oder selten geworfen werden. Schreibt einen kurzen Bericht dazu.

Spiel für 2–4 Spieler
3 gewöhnliche Spielwürfel,
1 Blatt Papier pro Spieler

Drei Würfel

Jeder Spieler schreibt zwei verschiedene Zahlen zwischen 1 und 18 auf sein Blatt. Es wird so lange gewürfelt, bis die Augensumme von 2 oder 3 Würfeln den beiden gewählten Zahlen entspricht.

Beispiel: Mit den drei Würfelzahlen 3, 4 und 6 kannst du die Summen 7, 9, 10 und 13 bilden. Stimmen 2 dieser 4 Zahlen mit den gewählten Zahlen überein, hat du dein Ziel schon im ersten Wurf erreicht. Wenn nur eine Zahl mit den gewählten Zahlen übereinstimmt, würfelst du ein zweites Mal. Du kannst einen, zwei oder alle drei Würfel werfen. Wenn du beim ersten Mal keine der beiden Zahlen erreicht hast, nimmst du mit Vorteil nochmals alle drei Würfel. Wer mit möglichst wenigen Würfen die selbst gewählten Augensummen würfelt, hat gewonnen.

a. Welche Zahlen wählst du?
b. Gibt es Zahlen, die du bevorzugst? Warum? Schreibe einen kleinen Bericht.

Spitze!

Ein Gepard legt 100 m in nur 3 s zurück.

Der Amerikaner Carl Lewis brauchte in der Staffel 1984 nur 8,9 Sekunden für eine 100 m lange Strecke.

Laufen

Wenn der Gepard hinter einer Gazelle herhetzt, ist er dreimal schneller als der beste Läufer unter den Menschen. Sportlerinnen und Sportler können höchstens ein paar Jahre lang Spitzenleistungen vollbringen. Ein Gepard dagegen läuft sein ganzes Leben lang so schnell. Er muss! Wenn er seine Beute nicht mehr schlagen kann, verhungert er.

Der Gepard ist ein Sprinter. Er kann nur kurze Strecken mit Höchstgeschwindigkeit zurücklegen. Wenn er die Gazelle nach etwa 500 Metern noch nicht erwischt hat, muss er aufgeben.

Zebra: 65 km in 60 min

Wolf: 1 km in 1 min

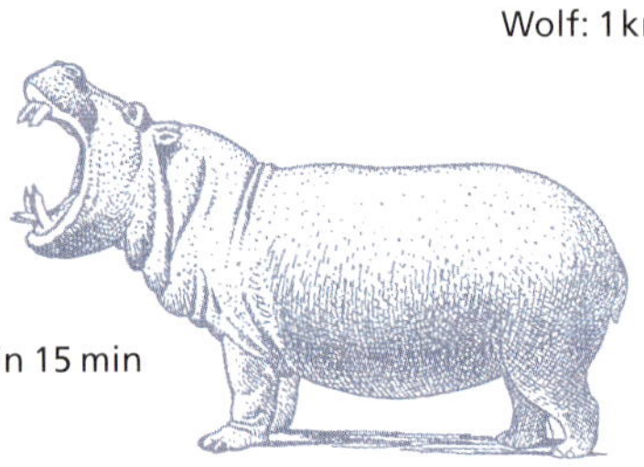

Flusspferd: 12 km in 15 min

Windhund: 450 m in 27 s

Rotes Riesenkänguru: 20 km in $\frac{1}{4}$ h

Dromedar: 25 km in $\frac{1}{2}$ h

Strauss: 20 m in 1 s

Gazelle: 625 m in 0,5 min

Hase: 700 m in 36 s

Auch das ist ein Rekord: Das langsamste Säugetier ist wohl das südamerikanische Faultier. Es legt in einer Minute rund 2 Meter zurück.

1 Beantworte und begründe:

a. Wie viele Minuten braucht der Wolf für 7 km?

b. Wie viele Minuten braucht der Hase für dieselbe Strecke?

c. In 1 Stunde legt das Zebra 65 km zurück; welche Strecke legt der Wolf in 1 Stunde zurück?

d. Wer läuft schneller: das Dromedar oder das Flusspferd?

e. Wer braucht länger für eine Strecke von 10 km: der Strauss oder der Wolf?

2 Stellt euch selber solche Aufgaben.

3 Wie schnell sind die Tiere? Stell eine Rangliste auf!

Geschwindigkeiten vergleichen.

Fliegen

Hier siehst du ein Balkendiagramm. 1 cm Balkenhöhe entspricht einer Geschwindigkeit von 10 km/h.

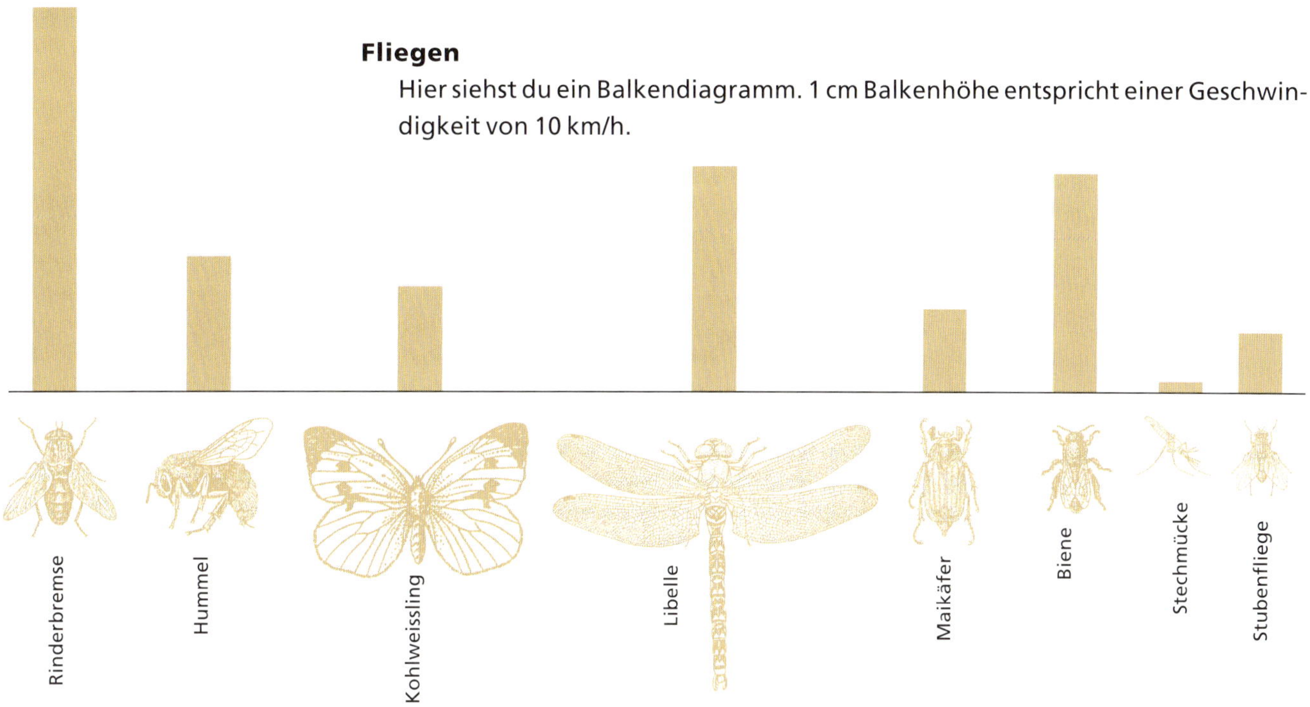

4 Wie schnell fliegen diese Insekten?

5 Wie weit fliegen diese Insekten in einer halben Stunde?

6 Stell die Fluggeschwindigkeit der Vögel in einem Balkendiagramm dar. 1 cm entspricht einer Geschwindigkeit von 10 km/h.

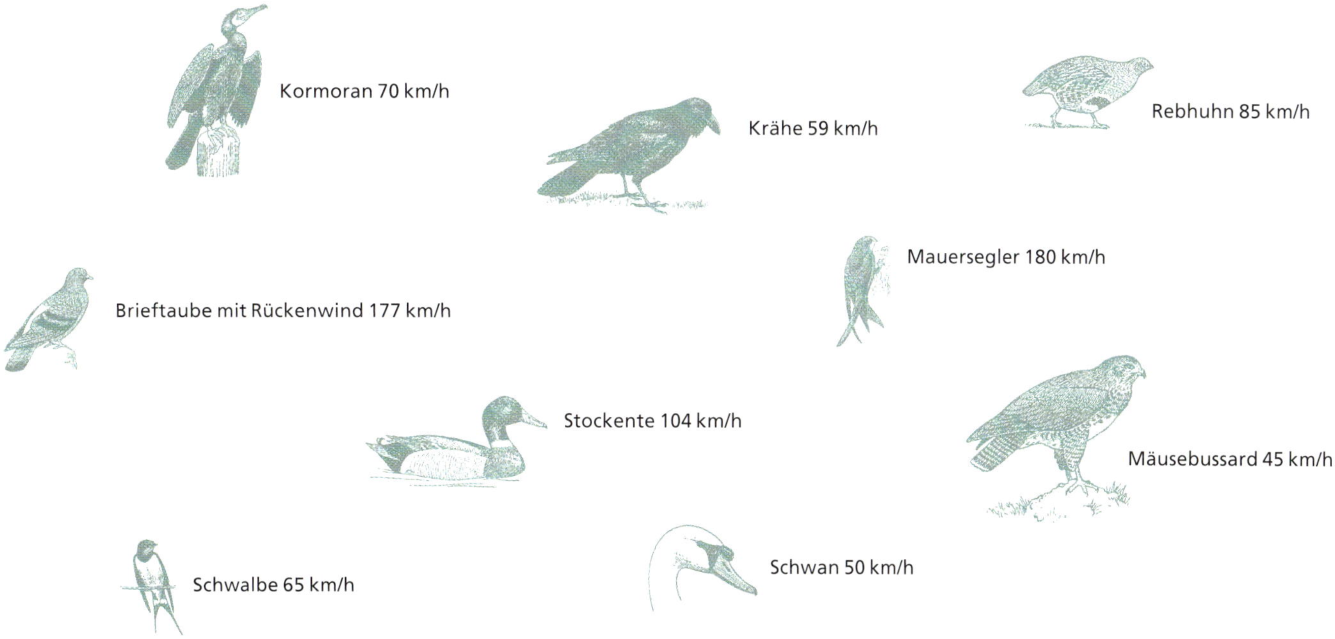

Zum Vergleich: Ein Segelflugzeug erreicht eine Geschwindigkeit von 250 km/h.

Wie alt werden Bäume?

Keimung der Föhre

1938
Der junge Baum wächst gut. Das Klima ist sonnig und genügend feucht.

1942
Etwas beginnt gegen den Baum zu drücken und stellt ihn schräg. Er bildet Reaktionsholz auf der einen Seite, das ihn stützen soll.

1948
Der Baum wächst wieder gerade. Seine Nachbarbäume wachsen aber mit und nehmen ihm viel Licht und Wasser weg.
Das Wachstum ist deshalb gering.

1954
Bei einer Durchforstung werden seine Nachbarbäume gefällt. Mehr Wasser, Nahrung und Sonne lassen ihn wieder schneller wachsen.

1957
Ein Bodenfeuer verletzt das Kambium unseres Baumes. Mit den Jahren wird die Wunde überwallt, d. h. von neuem Holz überwachsen.

1967
Diese engen Jahrringe sind wahrscheinlich auf zu trockene Witterung in mehreren aufeinanderfolgenden Jahren zurückzuführen.

1982
Hier könnte ein massiver Insektenbefall das Wachstum gebremst haben.

1 Zwischen der Rinde eines Baumes und dem Holzteil befindet sich eine Schicht von Zellen, die sich teilen können. Durch die Teilung der Zellen wächst der Baum und wird von Jahr zu Jahr dicker. Die im Frühling gebildeten Zellen sind grösser als jene im Herbst und im Winter. Im Frühling muss für die jungen Nadeln und Blätter viel Wasser von den Wurzeln in die Spitzen der Äste geleitet werden. Daher sind die Gefässe weit und die Wände dünn. Im Herbst dagegen wird weniger Wasser gebraucht. Dann sind die Gefässe enger und die Wände dicker. Dieser Wechsel von weiträumig dünnwandigen und engräumig dickwandigen Gefässen im Jahresverlauf erzeugt die typischen Jahrringe.

a. Wann wurde dieser Baum gefällt?
b. Wie alt war der Baum, als er gefällt wurde? Beachte, dass es drei Jahre dauert, bis wir auf der Schnitthöhe des Baumes (15 cm über dem Boden) den ersten Jahrring sehen.
c. Suche weitere Fragen, die du der Klasse stellen kannst.

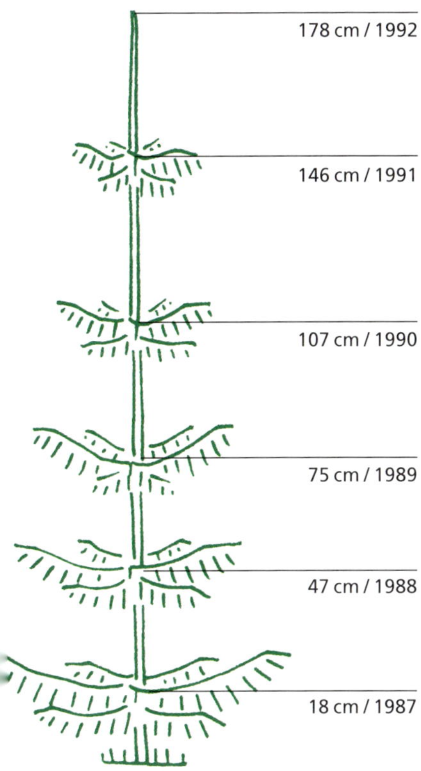

2 Wie alt wird ein Baum?
Die meisten Bäume sterben schon als Keimlinge. Sie werden von hungrigen Tieren gefressen, oder Nachbarbäume nehmen ihnen das Licht und die Feuchtigkeit, die sie zum Wachstum brauchen. Später bedrohen Stürme, Feuer, Blitzschlag, Schneelasten, Lawinen, Steinschlag, Dürre, schädliche Umwelteinflüsse und Krankheiten das Leben eines Baums. Nur ganz wenige Bäume sterben aus Altersschwäche. Viele müssen ihr Leben im besten Alter lassen. Dann kann ihr Holz nutzbringend verwertet werden.
Espen, Birken, Erlen und Pappeln können bis zu hundert Jahre alt werden. Arven und Fichten leben bis sechshundert Jahre, die Lärche sogar bis achthundert Jahre. Bei uns hält die Eibe den Rekord, sie kann über zweitausend Jahre alt werden. In der Sierra Nevada in Kalifornien (USA) hingegen gibt es Mammutbäume, die schon über dreitausendfünfhundert Jahre allen Gefahren trotzen. Eine Grannenkiefer im gleichen Gebiet hat schon den viertausendsiebenhundertsten Geburtstag erlebt. Sie ist das älteste Lebewesen auf unserer Erde.

a. Beschrifte auf dem Blatt «Zeitachse» (Kopiervorlage) die linke Hälfte bis zum Jahr 1 000 n. Chr. mit ganzen Hundertern (jedes Jahrhundert), und bis 3 000 v. Chr. mit halben Tausendern.
b. Markiere mit Pfeilen und Beschriftung das Höchstalter der im Text genannten Baumarten.

3 Bei Tannen können wir das jährliche Längenwachstum am Abstand der Astkränze erkennen.
a. Um wie viel ist der Nadelbaum (siehe Zeichnung) jedes Jahr gewachsen?
b. Wie viel muss er noch wachsen, bis er eine Höhe von 3 m 20 cm erreicht hat?
c. Um wie viel wächst du selber pro Jahr im Durchschnitt?
d. Wie alt ist eine Tanne mit deiner Grösse?
e. Wie gross ist eine Tanne mit deinem Alter?

Beim Zählen der Jahrringe ist es hilfreich, bei jedem 10. Ring eine Stecknadel einzustecken. Wo Ringe schlecht sichtbar sind, hilft Schleifen mit Schmirgelpapier oder Befeuchten weiter.

4 Bei Laubbäumen ist das Wachstum schwieriger zu bestimmen als bei Nadelbäumen. Du kannst wie folgt vorgehen: Zähle bei einem Stammabschnitt auf beiden Seiten die Jahrringe. Rechne anschliessend den Unterschied aus. Der Unterschied entspricht der Anzahl Jahre, in denen der Stammabschnitt gewachsen ist.
a. Berechne das jährliche Wachstum an einem Stamm auf dem Holzplatz.
b. Berechne die «?» in den Zeichnungen A bis D.

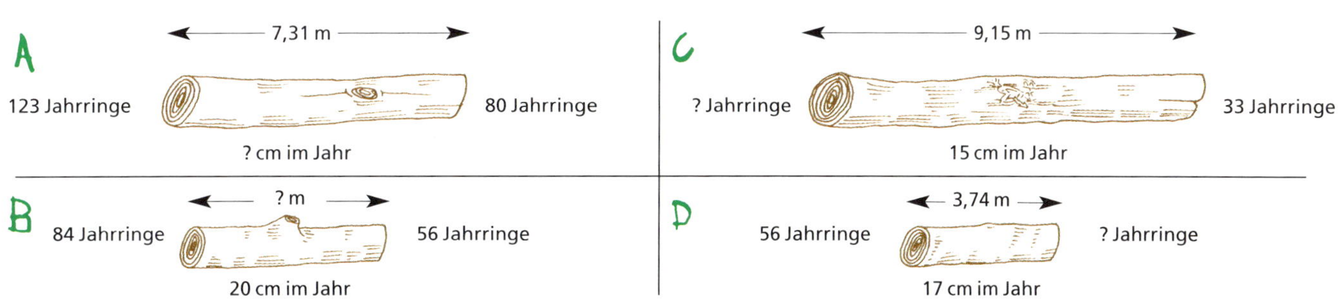

Texte lesen, verstehen und Berechnungen ausführen.

Pakete schnüren

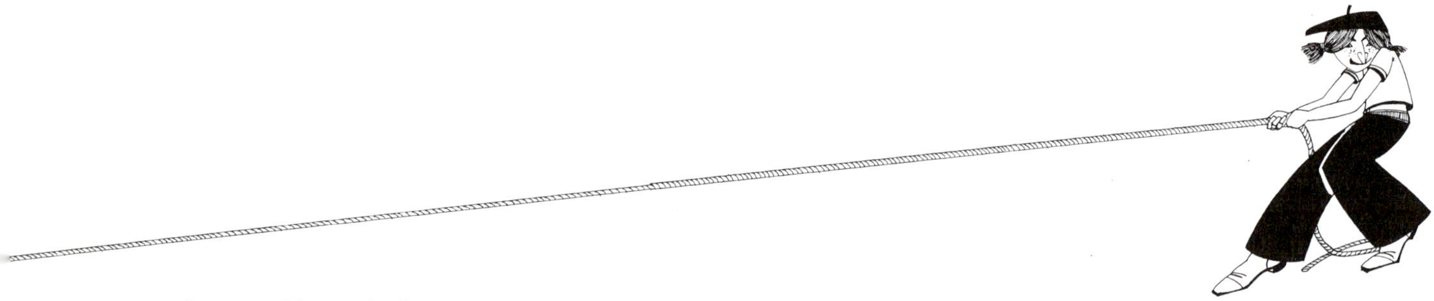

An dieser Maschine werden im Durchschnitt täglich 3 000 Pakete geschnürt. Da wird ordentlich viel Schnur verbraucht. Es stellt sich die Frage, welche Verschnürungsart am wenigsten Schnur braucht.

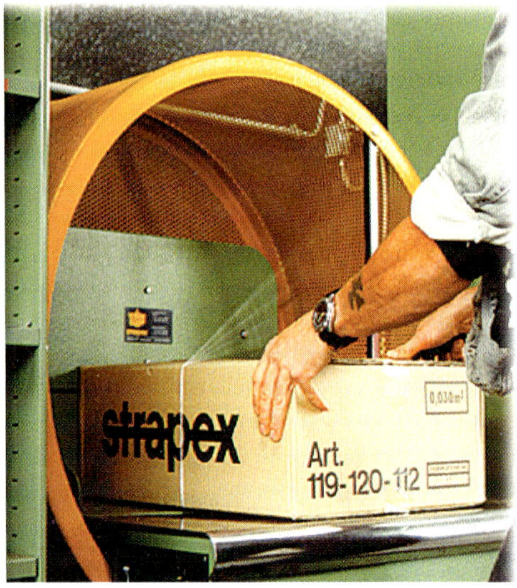

1 Für welches Paket braucht man am wenigsten Schnur, für welches am meisten? Gibt es Pakete, für die man genau gleich viel Schnur braucht? Was vermutest du?

Alle drei Pakete sind gleich gross.

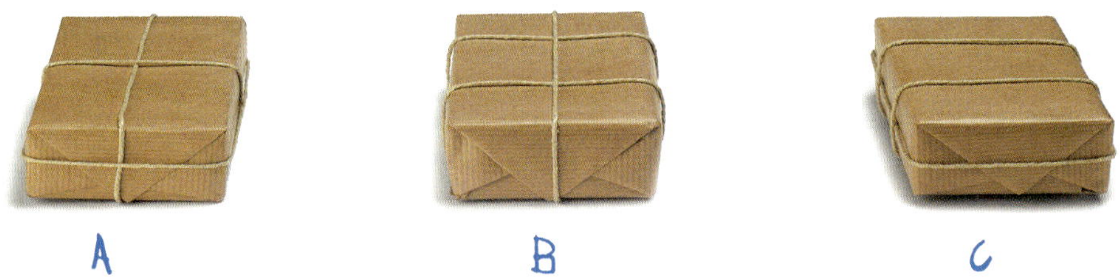

2 Probieren geht über Studieren. Übrigens: Pakete schnüren kann man allein oder in Gruppen.

3 • Markiert mit einem dicken Filzstift jene Stellen auf der Schnur, wo sie über einer Kante liegt. Kennzeichnet auch jene Stellen, die versteckt sind.
• Wir schneiden anschliessend die Schnur bei jeder Markierung durch.
• Lege und überlege. Vergleiche und berichte.
• Sortiere bei jeder der drei Schachteln alle kurzen, mittleren und langen Teilstücke.

4 Finde heraus, welches der Pakete A, B, C am wenigsten Schnur braucht.

Abmachung:
k = kurze Teilstücke
m = mittellange
l = die ganz langen
Die Schnur bei Paket D
hat also folgende Länge:
4 k + 4 m = Gesamtlänge

5 Die drei Pakete sind gleich gross.
- Gib jeweils die Gesamtlänge der Schnur an.

D
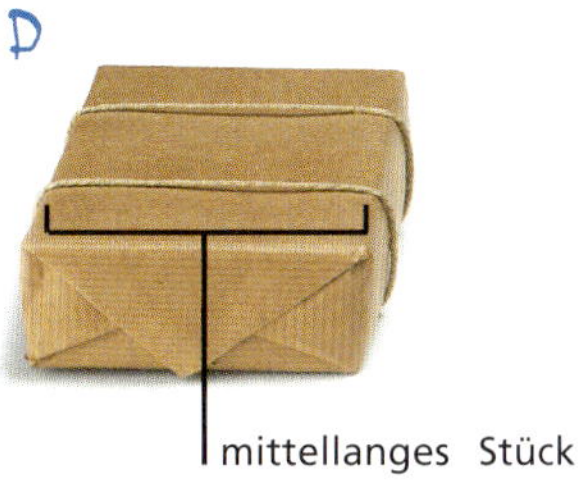

E
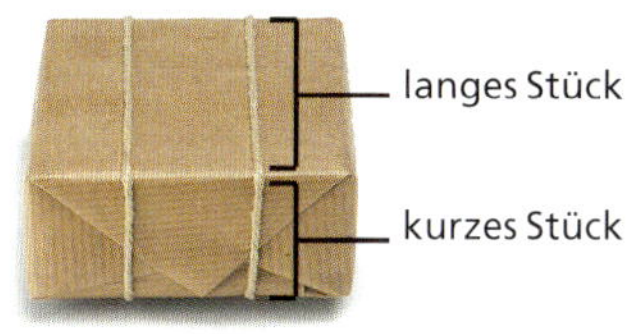

F

6 Gleich grosse Pakete kann man zu Stapeln zusammenschnüren.
- Gib jeweils die Gesamtlänge der Schnur an.
- Zum Zuschnüren wird auch Schnur gebraucht. Was ändert sich?

G

H

I

J

K

L

7 Betrachte diese Pakete. Welche der gemachten Überlegungen gelten hier noch?

M
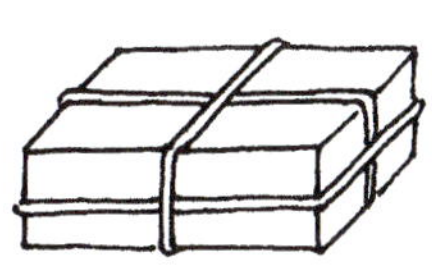

N
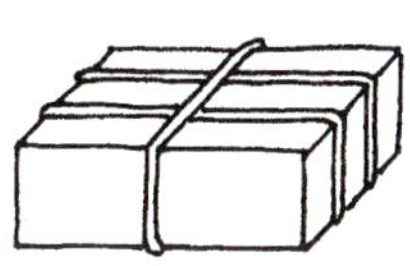

O

8 Was passiert bei einem Würfel?

P
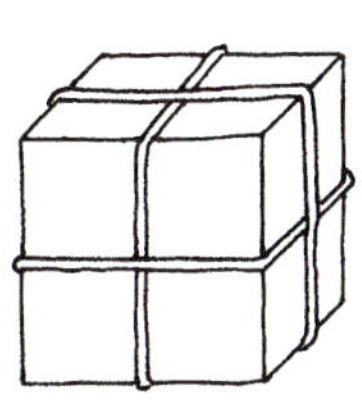

Q

R
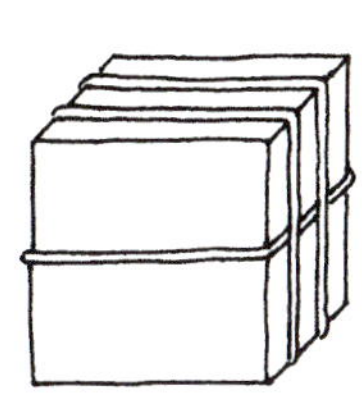

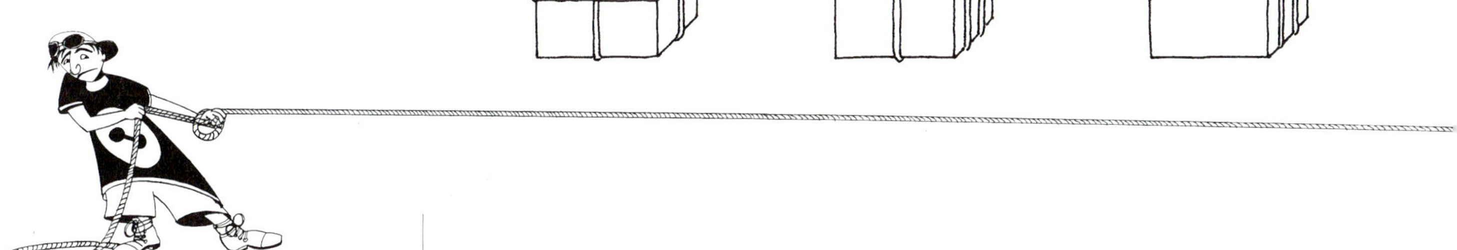

Briefe

Strichcode

Sortiermaschine

Sicher freust du dich, wenn dir jemand einen Brief schreibt. Die Post sorgt dafür, dass er bei dir ankommt. In der Schanzenpost in Bern verarbeiten die Angestellten täglich mehr als eine Million Briefe. Ohne Maschinen könnten sie diese riesige Menge gar nicht bewältigen. Damit ein Brief maschinell verarbeitet werden kann, darf er das Format B5 (250 x 176 mm) nicht übersteigen und nicht dicker sein als 5–6 mm. Harte Gegenstände können die Maschinen beschädigen. Wenn du zum Beispiel einen Pin verschickst, leg ihn zwischen zwei feste Kartons. Die Briefmarke muss sich rechts oben befinden. Am unteren Briefrand darf ein Streifen von 15 mm Höhe und 140 mm Breite nicht beschriftet werden. In diese Codierzone wird ein Strichcode gedruckt.

Wenn die Briefadresse mit Schreibmaschine, Computer oder in deutlicher Handschrift geschrieben ist, kann sie von einer Maschine gelesen werden. Der Computer wandelt die gelesene Postleitzahl in einen Strichcode um und druckt ihn rechts unten auf den Brief. Eine Briefsortiermaschine sortiert rund 30 000 Briefsendungen pro Stunde. Etwa ein Viertel der Briefpost muss von Hand weiterbearbeitet werden. Für die grossformatigen Briefe (B4, 353 x 250 mm) hat es eine spezielle Sortiermaschine: den Pocketsorter. Der Pocketsorter verarbeitet stündlich rund 20 000 Sendungen.

Paketpost
in Tausend

Jahr	Paketpost
1983	170 799
1984	176 488
1985	185 614
1986	192 491
1987	202 352
1988	211 839
1989	223 993
1990	224 038
1991	228 451
1992	223 048
1993	213 653
1994	210 800
1995	195 500
1996	158 900
1997	155 600
1998	

Briefpost
in Millionen

Jahr	Total	A-Post	B-Post	Übrige Sendungen
1983	2 606			
1991	3 349	452	2 076	821
1992	3 318	415	2 153	750
1993	3 433	436	2 089	908
1994	3 559	542	2 102	915
1995	3 706	603	2 133	970
1996	3 760	636	2 106	1018
1997	3 874	682	2 026	1130
1998				

Tabellen lesen …

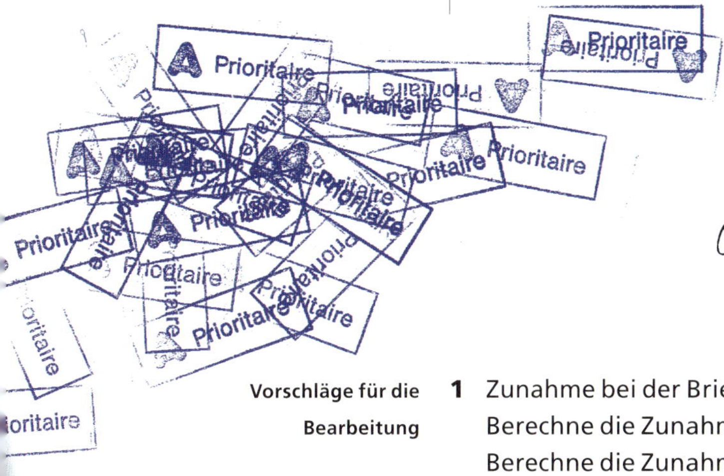

Vorschläge für die Bearbeitung

1 Zunahme bei der Briefpost
Berechne die Zunahme der Briefpost zwischen 1994 und 1997.
Berechne die Zunahme der Briefpost von Jahr zu Jahr.

2 Sortierung und Verteilung
a. Wie viele Briefpostsendungen musste die Post 1993 täglich im Durchschnitt sortieren und verteilen?
b. Wie viele Briefpostsendungen konnten davon täglich maschinell sortiert werden?

3 Zahlen bildlich darstellen
a. Stell die Zahlen für die gesamte Briefpost in den Jahren 1983 und 1991 bis 1996 bildlich dar.
b. Stell die Anteile A-Post und B-Post im Jahr 1993 bildlich dar.

4 Zahlen erzählen
Stell dir vor, alle im Jahre 1993 geschriebenen Briefe …
… würden gleichmässig auf die rund 7 000 000 Einwohner der Schweiz verteilt.
… würden von deinem Wohnort aus nebeneinander gelegt.
… würden aufeinander gestapelt.
… würden in Güterwagen (Ladegewicht 25 t) verladen.

5 Du kannst weiter
a. … auf deinem Postamt eine Format- und Taxtabelle oder einen Posttarif verlangen.
b. … für eine bestimmte Taxe einen Musterbrief mit den entsprechenden Massen (Länge, Breite, Dicke, Gewicht) herstellen.
Beispiel: Taxe 90 Rp., A-Post, Format B5 (250 x 176 mm), Dicke höchstens 20 mm, Gewicht höchstens 500 g.
c. … eine Umfrage durchführen und herausfinden, wie viele Briefmarken eine Familie durchschnittlich in einem Monat benötigt.
d. … auf deiner Post Zahlen für deinen Wohnort oder dein Quartier erfragen:
Wie viele Briefe werden in einem Jahr etwa zugestellt?
Wie ist die Verteilung zwischen A- und B-Post?
Wie verteilt sich die Anzahl der Briefe über die einzelnen Wochentage?
e. … die Zahlen über die Paketpost erzählen lassen oder mit ihnen ähnliche Berechnungen durchführen.

Taxen (1. Januar 1993)
Brief bis B5 (250 x 176 mm), bis 20 mm Dicke, bis 500 g

Gewicht	A-Post	B-Post
0–250 g	80 Rp.	60 Rp.
251–500 g	150 Rp.	120 Rp.

Taxen (1. Januar 1996)
Brief bis B5 (250 x 176 mm), bis 20 mm Dicke, bis 500 g

Gewicht	A-Post	B-Post
0–250 g	90 Rp.	70 Rp.
251–500 g	160 Rp.	130 Rp.

Für Briefe über 20 bis 50 mm Dicke wird ein Zuschlag von Fr. 2.30 erhoben.

Dezimalbrüche und Zahlenstrahl

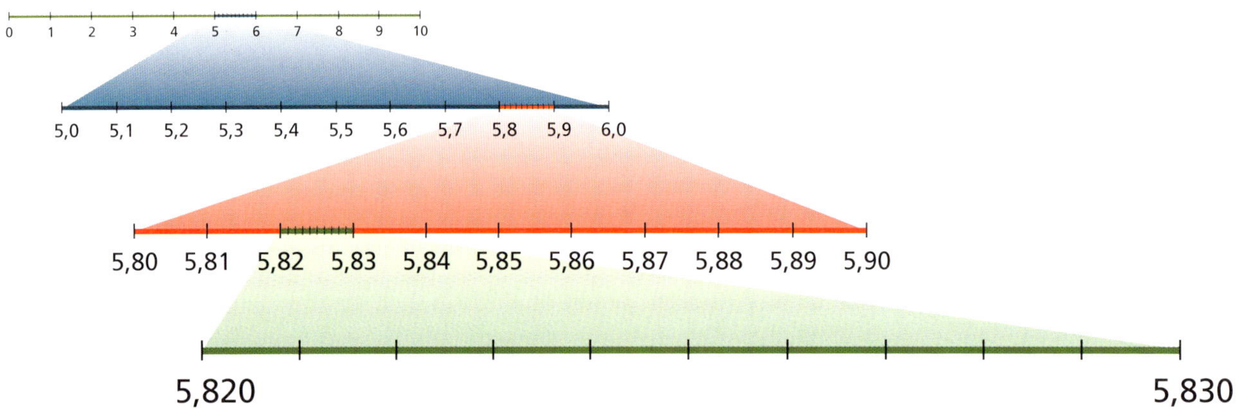

> Man sagt:
> 5,80 «Fünf Komma acht null»
> 5,81 «Fünf Komma acht eins»
> 5,82 «Fünf Komma acht zwei»
> 5,83 «Fünf Komma acht drei»

1 Wir nehmen den Zahlenstrahl unter die Lupe.

a. Benenne alle markierten Stellen auf dem gelben Zahlenstrahl.

b. Nimm andere Ausschnitte auf dem Zahlenstrahl unter die Lupe. Zeichne und schreibe in dein Heft.

c. Wähle weitere Ausschnitte, zum Beispiel zwischen 20 und 30 oder zwischen 90 und 100.

2 Zähle an diesem Zahlenstrahl in Zehntelschritten weiter.

a.

b. Beginne bei 15,8.

c. Beginne bei 99,2.

d. Wähle andere Startzahlen.

3 Zähle in Hundertstelschritten weiter.

a.

b. Beginne bei 10,67.

c. Beginne bei 19.

d. Wähle andere Startzahlen.

4 Zeichne möglichst gross einen eigenen Zahlenstrahl in dein Heft.

a. Wo liegen diese Zahlen ungefähr: 12,5 12,6 13,7 15,1 17,0 18,7?

b. Und diese: 12,55 16,99 17,02?

Dezimalbrüche auf dem Zahlenstrahl darstellen.

5 Zeichne einen Zahlenstrahl in dein Heft und trage unterschiedlich weite Sprünge darauf ein. Wähle verschiedene Farben.

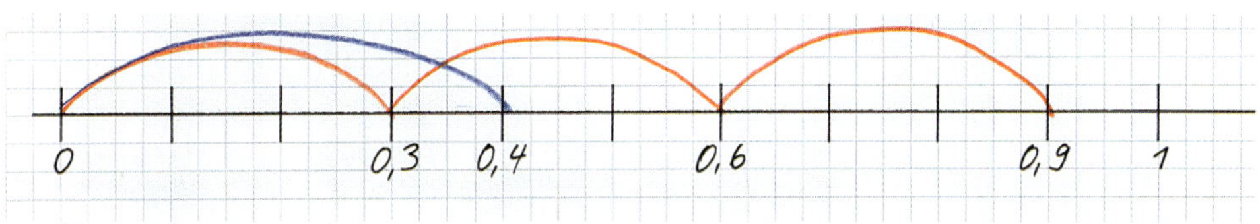

a. Start: 0 Sprung: + 0,3
b. Start: 0 Sprung: + 0,4
c. Start: 0 Sprung: + 1,2
d. Wähle Startzahl und Sprünge selber.

6 Zähle weiter. Notiere die Zahlen.

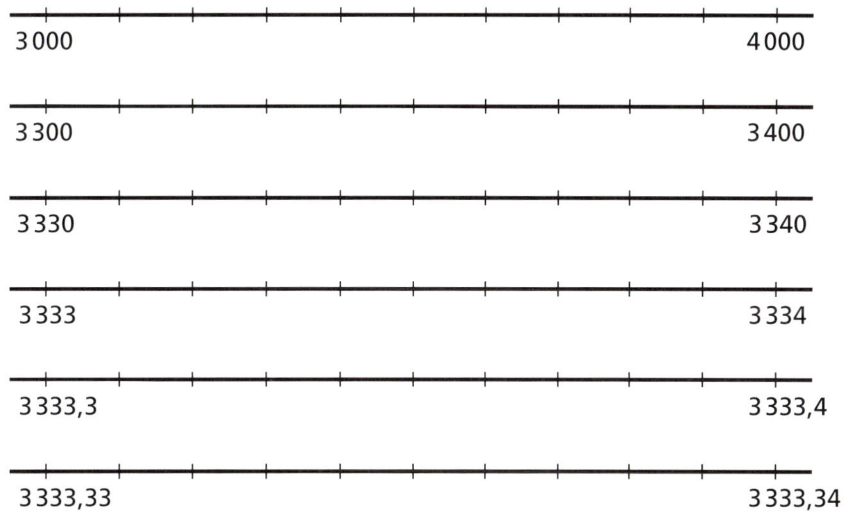

7 Dezimalbrüche und Brüche
Zeichne diesen Zahlenstrahl möglichst gross in dein Heft.

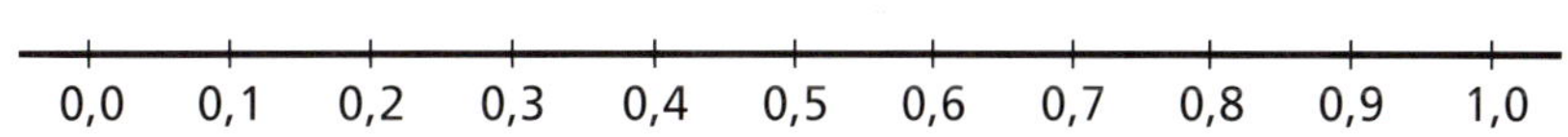

a. Trage die folgenden Brüche auf dem Zahlenstrahl ein.

$\frac{1}{2}, \frac{2}{2}$

$\frac{1}{4}, \frac{2}{4}, \frac{3}{4}, \frac{4}{4}$

$\frac{1}{5}, \frac{2}{5}, \frac{3}{5}, \frac{4}{5}, \frac{5}{5}$

$\frac{1}{10}, \frac{2}{10}, \frac{3}{10}, \frac{4}{10}, \frac{5}{10}, \frac{6}{10}, \frac{7}{10}, \frac{8}{10}, \frac{9}{10}, \frac{10}{10}$

b. Kannst du weitere Brüche eintragen?

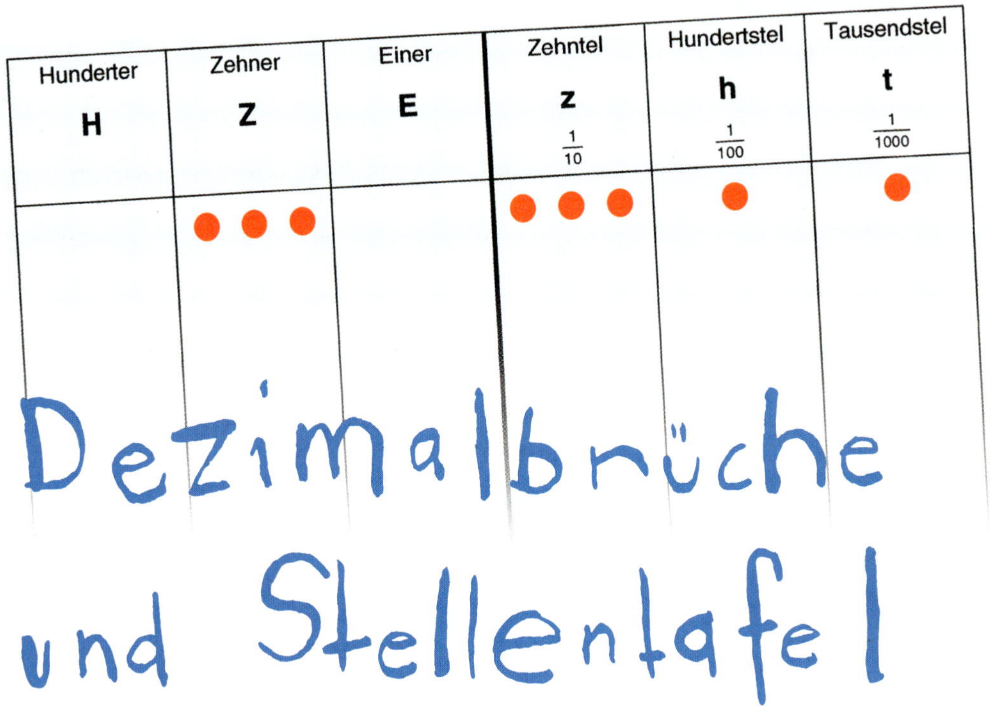

1 Lege, schreibe in Ziffern und sprich die Zahlen.

H	Z	E	z $\frac{1}{10}$	h $\frac{1}{100}$	t $\frac{1}{1000}$
	•		•		

a. Welche Zahlen kannst du an der Stellentafel mit zwei Plättchen legen?
b. Welche Zahlen zwischen 1 und 2 kannst du mit 3 Plättchen legen?
c. Suche mindestens 10 Zahlen, die du mit 10 Plättchen legen kannst.
d. Lege die Zahlen 12,1 12,01 12,001 2,101 21,01 210,1.

2 Schreibe die Zahlen und lies sie.

a.

H	Z	E	z $\frac{1}{10}$	h $\frac{1}{100}$	t $\frac{1}{1000}$
	•	•••	••••	••	

b.

H	Z	E	z $\frac{1}{10}$	h $\frac{1}{100}$	t $\frac{1}{1000}$
•		••••	•	•••	•

c.

H	Z	E	z $\frac{1}{10}$	h $\frac{1}{100}$	t $\frac{1}{1000}$
	••		••		••

d.

H	Z	E	z $\frac{1}{10}$	h $\frac{1}{100}$	t $\frac{1}{1000}$
•	••	•••	•••	••	•

3 An der Stellentafel Plättchen dazulegen, wegnehmen, verschieben.
a. Silvana legt die Zahl 2,3. Thomas legt ein Plättchen dazu. Welche Zahl kann es jetzt sein?
b. Bruno legt die Zahl 12,21. Oliver nimmt ein Plättchen weg. Welche Zahl kann es jetzt sein?
c. Simon legt die Zahl 14,25. Beatrice verschiebt ein Plättchen. Welche Zahl kann es jetzt sein?
Berechne die Unterschiede zwischen 14,25 und den neuen Zahlen.

4 Plättchen wandern in der Stellentafel.
Lege zum Beispiel mit 3 Plättchen eine Zahl und notiere sie. Verschiebe die Plättchen nun um eine Stelle nach rechts und notiere die neue Zahl ebenfalls. Berechne den Unterschied zwischen den beiden Zahlen. Fahre so weiter. Was fällt dir auf? Erkläre.

H	Z	E	z $\frac{1}{10}$	h $\frac{1}{100}$	t $\frac{1}{1000}$
•	••				

H	Z	E	z $\frac{1}{10}$	h $\frac{1}{100}$	t $\frac{1}{1000}$
	•	••			

120 − 12 = 108

H	Z	E	z $\frac{1}{10}$	h $\frac{1}{100}$	t $\frac{1}{1000}$
	•	••			

H	Z	E	z $\frac{1}{10}$	h $\frac{1}{100}$	t $\frac{1}{1000}$
		•	••		

12 − 1,2 =

5

a.
25 + 2500
25 + 250
25 + 25
25 + 2,5
25 + 0,25
25 + 0,025

b.
7500 + 7500
750 + 750
75 + 75
7,5 + 7,5
0,75 + 0,75
0,075 + 0,075

c.
100 − 0,1
100 − 0,01
10 − 0,1
10 − 0,01
1 − 0,1
1 − 0,01

6

a.
7,5 · 1000
7,5 · 100
7,5 · 10
7,5 · 1
7,5 · 0,1
7,5 · 0,01

b.
12500 · 0,01
1250 · 0,1
125 · 1,0
12,5 · 10
1,25 · 100
0,125 · 1000

c.
8642 : 10
8642 : 100
8642 : 1000
234,5 : 10
234,5 : 100
234,5 : 1000

7 Zerlege Zahlen gemäss folgendem Beispiel.

1234 = 1000 + 200 + 30 + 4
123,4 = 100 + 20 + 3 + $\frac{4}{10}$
12,34 = 10 + 2 + $\frac{3}{10}$ + $\frac{4}{100}$
1,234 = 1 + $\frac{2}{10}$ + $\frac{3}{100}$ + $\frac{4}{1000}$

a.
2222
222,2
22,22
2,222

b.
9753
975,3
97,53
9,753

c.
1001
100,1
10,01
1,001

8 Ergänze

a. Immer 10
3,5 + 6,5
6,2 +
4,1 +
5,6 +
4,7 +
5,0 +

b. Immer 10
9,12 + 0,88
8,24 +
7,36 +
6,48 +
5,60 +
4,72 +

c. Immer 1
0,25 + 0,75
0,36 +
0,47 +
0,58 +
0,69 +
0,80 +

Jakob Steiner

Geburtshaus von Jakob Steiner, abgebrochen 1993.

Jakob wurde am 18. März 1796 als jüngstes Kind eines Kleinbauern in Utzenstorf geboren. Wie seine vier Geschwister musste auch Jakob bei der Arbeit auf dem Hof kräftig mithelfen. Dafür durfte er seinen Vater zum Markt nach Solothurn begleiten. Jakob war ein aufgewecktes Kind. Auf dem Markt rechnete er den Bauern und Händlern die Preise aus. So konnte er sich mit Kopfrechnen etwas Taschengeld verdienen. Später ging er allein auf den Markt, um den Bauern und Händlern beim Rechnen zu helfen. Manchmal kaufte und verkaufte Jakob auch Schafe auf eigene Rechnung.

Die Schule war damals Nebensache. Die Kinder mussten hauptsächlich Kirchenlieder und Einmaleins-Aufgaben auswendig lernen. Erst mit 14 Jahren lernte Jakob lesen und schreiben. Als Jakob 18 Jahre alt war, verliess er gegen den Willen der Eltern die Heimat. Er wollte zu Heinrich Pestalozzi nach Yverdon. Pestalozzi hatte dort eine Lehranstalt gegründet. Hier erteilten die beiden Lehrer Maurer und Leuzinger Unterricht im Rechnen und in der Geometrie. Das Lehrbuch hatten sie selbst geschrieben, es umfasste 800 Seiten. Aber Jakob suchte lieber nach eigenen Lösungen, und bald unterrichtete er selbst.

Als Jakob Steiner 21 Jahre alt war, begab er sich auf den Rat von Lehrer Leuzinger nach Heidelberg, um an der Universität Mathematik zu studieren. Jakob legte den weiten Weg zu Fuss zurück. In Heidelberg verdiente er sich den Lebensunterhalt als Hauslehrer. Weil er sich mit einem Professor zerstritt, verliess er die Universität 1821 ohne Studienabschluss und ging nach Berlin.

In Berlin unterrichtete Steiner zunächst als Privatlehrer. Bald war er ein angesehener Gelehrter. 1833 verlieh ihm die Universität von Königsberg einen Ehrendoktortitel, 1834 wurde Steiner als Professor für Geometrie an die Universität Berlin berufen.

In den letzten Jahren seines Lebens weilte der berühmte Mann oft und gern in seiner Berner Heimat. Er wohnte meist im Gasthof zur Sonne in Kirchberg. Schliesslich nahm er endgültig Abschied von Berlin und bezog ein Zimmer im Haus Nr. 38 in der Kramgasse in Bern. Steiner lebte allein und galt mit zunehmendem Alter als Sonderling. Er starb am frühen Morgen des 1. April 1863. Nur wenige Freunde folgten dem Sarg. Steiner wurde im Monbijou-Friedhof in Bern beigesetzt.

Lithografie aus dem Jahr 1841. Steiner war von mittelgrosser Gestalt. Ein wohlgepflegter weisser Bart umrahmte im Alter sein Gesicht, aus welchem zwei scharfe Augen blickten. Er war sehr sorgfältig in seiner Kleidung.

In seinem Testament vermachte Steiner seiner Heimatgemeinde Utzenstorf die stattliche Summe von 750 Franken. Er verfügte, dass der Zins dieses Kapitals alle zwei Jahre als Prämie für jene Primarschüler auszusetzen sei, die im Kopfrechnen den ersten, zweiten und dritten Rang belegen.

Steiner war ein genialer Mathematiker. Er machte bedeutende Entdeckungen in der Geometrie. Für das so genannte Zerlegungsproblem der Ebene kannst du die Lösung selbst nachvollziehen.

Die Kurzbiografie Jakob Steiners lesen. Erste Auseinandersetzung mit dem Zerlegungsproblem.

Das Zerlegungsproblem von Jakob Steiner

Nimm ein rechteckiges Blatt Papier. Teile das Blatt durch eine gerade Strecke von einem Rand zu einem anderen in zwei Gebiete. Du kannst eine zweite Strecke von Rand zu Rand zeichnen. Dabei gibt es zwei Möglichkeiten:

A

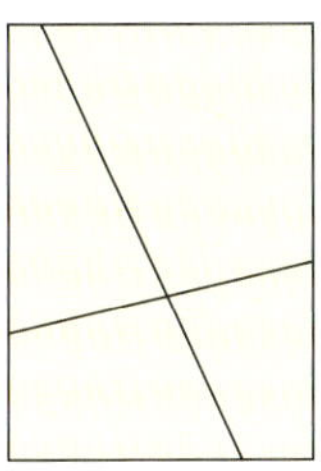

B

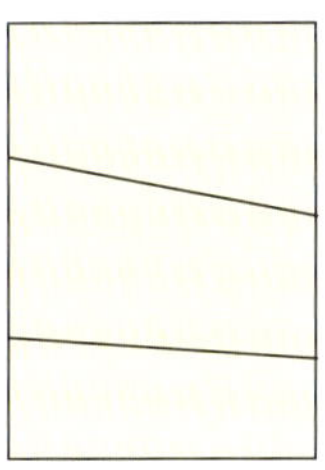

A. Die zweite Strecke schneidet die erste.
In diesem Fall gibt es 4 Gebiete auf dem Blatt.

B. Die zweite Strecke schneidet die erste nicht.
In diesem Fall gibt es 3 Gebiete auf dem Blatt.

Jakob Steiner hat sich zu dieser Ausgangslage einige Fragen gestellt. Wie viele Schnittpunkte sind mit 1, 2, 3, ... Geraden höchstens möglich?
Wie viele Gebiete sind mit 1, 2, 3, ... Geraden höchstens möglich?

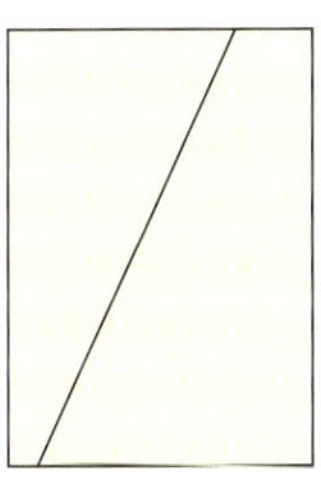

1 Gerade
0 Schnittpunkte
2 Gebiete

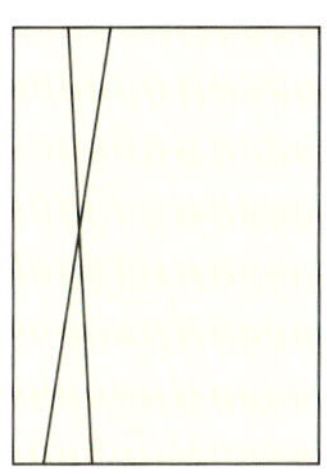

2 Gerade
1 Schnittpunkt
4 Gebiete

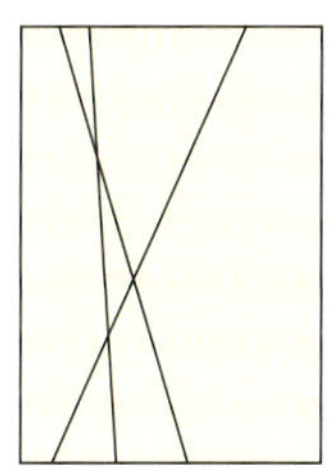

3 Gerade
3 Schnittpunkte
7 Gebiete

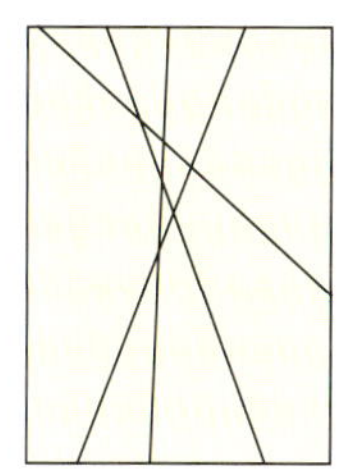

4 Gerade
6 Schnittpunkte
11 Gebiete

1 Worauf musst du achten, wenn du so viele Schnittpunkte und Gebiete wie möglich erhalten willst?

2 Wie viele Schnittpunkte und wie viele Gebiete sind maximal möglich bei 5 Geraden?

3 Erstelle eine Tabelle der folgenden Art:

Anzahl Gerade	1	2	3	4	5	6	7	8	9			
max. Anzahl Schnittpunkte	0	1	3	6								
max. Anzahl Gebiete	2	4	7	11								

4 Du kannst deine Zeichnung färben. Zwei benachbarte Gebiete sollen wie auf einer Landkarte verschiedene Farben haben. Wie viele Farben brauchst du unbedingt?

Versuchen, dem Zerlegungsproblem auf die Spur zu kommen.

Arithmetik

Geometrie

Sachrechnen

Mathematik 5. Klasse 0–1

Natürliche Zahlen 2–3
Ornamente 4–5
Übungen zu den 4 Grundoperationen 6–7
Grössen bei Flugzeugen 8–9
Grössen bei Bienen 10–11
Tabellen und Grafiken 12–13

Figuren und Flächen 14–15
Knoten 16–17

Durchschnitte 18–19
«Das Glück dieser Erde ...» 20–21
Anschlüsse 22–23

Runden 24–25
Addition – Subtraktion 26
Multiplikation – Division 27
Grössen und Komma 28–29
Rechnen mit Komma 30–31

Proportionalität 1 32–33
Proportionalität 2 34–35

Brüche im Alltag . . . 36–37
Bruchteile darstellen . . . 38–39
Bruchteile erkennen und darstellen . . . 40–41
Bruchteile im Kreismodell . . . 42–43

Bald ist Weihnachten . . . 44–45

Künstler konstruieren . . . 46–47
Zirkel und Geodreieck . . . 48–49

Bäume wachsen nicht in den Himmel . . . 50–51
Mit dem Schiff zum Meer . . . 52–53
Staffellauf . . . 54–55
Kriminalpolizei . . . 56–57

Bruchteile von Grössen 1 . . . 58–59
Bruchteile von Grössen 2 . . . 60–61
Bruchteile legen und zeichnen . . . 62–63

Zahlenrätsel . . . 64–65
Versteckte Zahlen . . . 66–67
Klammern und Rechenbäume . . . 68–69
Zahlenquadrate . . . 70–71

Wir planen unsere Schulreise . . . 72–73

Körper aus Würfeln . . . 74–75
Quaderansichten . . . 76–77

Würfelspiele . . . 78–79

Spitze! . . . 80–81
Wie alt werden Bäume? . . . 82–83
Pakete schnüren . . . 84–85
Briefe . . . 86–87

Dezimalbrüche und Zahlenstrahl . . . 88–89
Dezimalbrüche und Stellentafel . . . 90–91

Jakob Steiner (1796–1863) . . . 92–93
Stichwortverzeichnis . . . nächste Seite

Das Stichwortverzeichnis enthält 65 mathematische Begriffe, die im Zahlenbuch 5 vorkommen. Besonders wichtige Begriffe werden in e nem Merkkästchen am Rand der jeweiligen Seite erklärt, andere stehen im Text oder bei einer Aufgabe. Du kannst neben dem Stichwort verzeichnis auch das Inhaltsverzeichnis verwenden, wenn du einen Begriff suchst.

Addition, addieren 26, 30, 64

Balkendiagramm 81
Bruch, Bruchteile 36–43, 58–63

Code 57

Dezimalbrüche 28–31, 58–61, 88–91
Differenz 64
Division, dividieren 27, 31, 64
Dreieck 14
Durchmesser 51
Durchschnittswert 18–19

Fahrplan 22–23
Fläche 15

Geld 28, Buchdeckel hinten
Geobrett 14–15
Geodreieck 48
Geschwindigkeit 80–81
Gewicht 29, 59–61, Buchdeckel hinten
Grafiken 13
Grössen 8–11, 28–31, 58–61
Grundoperationen 3, 6–7, 30–31
Grundriss 76–77

Hohlmasse 29, 59, 61, Buchdeckel hinten

Klammerrechnung 7, 68–69
Knoten 16–17
Kombinatorik 56–57
Komma 28–31, 88–91
Konstruktion 46–49
Körper 74–77
Kreis 48–49

Länge 28–29, 58, 60, Buchdeckel hinten

Magische Quadrate 70–71
Malkreuz 6
Multiplikation, multiplizieren 27, 31, 64

Natürliche Zahlen 2–3

Ornamente 4–5

Parallel 48
Produkt 64
Proportionalität 32–35

Quader 76–77
Quadrat, quadratisch 14–15
Quotient 64

Rechenbaum 7, 69
Rechendreieck 6
Rechteck 14
Runden, Rundungsregel 24–25, 50

Senkrecht 48–49
Statistik 56, 78–79
Stellentafel 90–91
Subtraktion, subtrahieren 26, 30, 64
Summe 64
Symmetrie 4

Tabelle 12, 32–35

Viereck 14

Würfel 74–75

Zahl 2–3, 64–69
Zahlenkombination 56–57
Zahlenmauer 6
Zahlenquadrat 70–71
Zahlenstrahl 88–89
Zahlenrätsel, Zahlentrick 64–65
Zeit 22–24, 80–81, Buchdeckel hinten
Ziffer 2, 66
Zirkel 48–49

Das Zahlenbuch

Mathematik im 5. Schuljahr

von

Walter Affolter

Heinz Amstad

Monika Doebeli

Gregor Wieland

Projektleitung: Rolf Kugler
Redaktionelle Verantwortung: Marcel Holliger
Redaktionsassistenz: Claudia Richli

Begutachtung:
Folgende Personen haben das druckfertige Manuskript abschliessend begutachtet: Elmar Hengartner (AG), Werner Jundt (BE), Jakob Küng (GL), Elisabeth Moser Opitz (BE), Margret Schmassmann (ZH), Michael Wirth (SO).

Dieses Werk folgt der reformierten Rechtschreibung und Zeichensetzung.

Zum Unterrichtswerk für das 5. Schuljahr gehören:

Schulbuch	3-264-83097-3
Materialien zum Zahlenbuch	3-264-83098-1
Übungsheft	3-264-83099-X
Begleitband	3-264-83100-7

2. verbesserte Auflage 2 5 4 3 2006 2005 2004

Die letzte Zahl bezeichnet das Jahr des Nachdrucks. Der vorliegende Druck kann neben dem Druck der 1. Auflage verwendet werden.

ISBN 3-264-83097-3

Gestaltung und Realisation: Christen Visuelle Gestaltung, Dani Christen, Wolfgang Möhrle, Zug
Illustrationen: Lorenz Meier, Zürich
Fotos: Pascale Eggermann, Luzern
Druck: UD Print AG, Luzern

Text- und Bildnachweis:
S. 4: Alhambra, Ornament: H. und A. Stierlin, Alhambra, Imprimerie nationale, Paris. S. 5: Ornamente: H. und A. Stierlin, Alhambra, Imprimerie nationale, Paris. S. 8/9: Flugzeuge: Swissair Marktkommunikation Schweiz, Zürich. S. 11: Rotkleewiese: Keystone (P. Hammerschmidt/OKAPIA), Zürich. S. 12: Fahrplan: SBB. S. 13: Grafiken: Bundesamt für Statistik, Bern. S. 17: Wundnaht: Dr. T. Jung, Stadtspital Waid, Zürich. S. 34: Liedtext: Klaus W. Hoffmann, Herdecke (D); Wassertropfen: Prisma Dia-Agentur, Zürich. S. 41: Porträt Max Bill: RDB (Höltschi), Zürich. S. 46: Porträt Camille Graeser: RDB (Bild+News), Zürich; Äquivalenz an der Horizontalen: Kunstmuseum Winterthur, Winterthur. S. 51: Wasserturm: Bauamt, Luzern. S. 52: Container: Container Terminal Basel AG, Basel. S. 53: MS Lällekönig, Swiss Crystal: Basel Tourismus, Basel; ‹Berlin›: Peter Deilmann Reederei GmbH & Co., Neustadt in Holstein (D); A. Gautschi: Roland Stucky, Tablat. S. 67: 3 Värsli: Franz Hohler, Zürich. S. 80: Carl Lewis, Gepard: aus: Spitze! Höchstleistungen im Tierreich (M. u. H. D. Dossenbach), Kinderbuchverlag Luzern; Vignetten Tiere: aus: Kosmos-Lexikon der Naturwissenschaften, Stuttgart. S. 81: Vignetten Tiere: aus: Kosmos-Lexikon der Naturwissenschaften, Stuttgart. S. 86: Sortiermaschine: Generaldirektion ‹Die Post›, Bern. S. 92: Geburtshaus Jakob Steiner: Barbara Kummer, Utzenstorf; Porträt Jakob Steiner: aus: H. Blaser, Regelmässige Kreisteilungen und Kreisketten, Verlag Paul Haupt 1991, Bern.

Der Verlag hat sich bemüht, alle Inhaber von Nutzungsrechten zu eruieren, was leider nicht in allen Fällen gelang. Sollten allfällige Nutzungsrechte geltend gemacht werden, so wird gebeten, mit dem Verlag Kontakt aufzunehmen.